Debora Karsch I Günter F. Müller

4 Wege zu mehr Selbstführung

„Es geht nicht immer darum,
den Gipfel zu erreichen,
sondern die gesunde Balance
zu finden zwischen dem,
was man will, und dem,
was möglich ist."

Prof. Dr. Günter F. Müller

Debora Karsch
Günter F. Müller

4 Wege zu mehr Selbstführung

Wie Sie Ihre Ziele
schneller und besser
erreichen

Impressum

Autoren: Debora Karsch, Günter F. Müller

Projektteam: Dr. Lana Ott, Stuttgart; Jasmin Neumann, Remchingen; Simone Clement, Stuttgart

Lektorat: Eva Gößwein, Berlin

Korrektorat: Carola Kayser, Weimar

Buchdesign: Kerstin Stäblein, Pforzheim

Illustrationen: Kerstin Stäblein, Pforzheim

Druck: Sigert GmbH, Braunschweig

Bildnachweise: S.96 AdobeStock ©zphoto83, S.110 Adobe-Stock ©VoloshynRoman, S.122 AdobeStock ©pantovich, S.130 AdobeStock ©detailblick-foto, S.138 AdobeStock ©ohayou!, S.162 ©Doreen Kühr – Fotografie, S.164 Westwerk GmbH & Co. KG S.165 Unsplash ©Bhavya Kashyap, S.166 AdobeStock ©photoschmidt.

2. Auflage, 2021

© 2020–2021 bei den Autoren
© 2020–2021 bei der persolog GmbH, Verlag für Lerninstrumente, Königsbacher Straße 51, 75196 Remchingen

Zugunsten einer besseren Lesbarkeit und der Einfachheit halber haben wir uns in unseren Formulierungen grammatikalisch auf die männlichen Formen beschränkt, zum Beispiel „der" Partner. Selbstverständlich sind auch unsere Leserinnen in gleicher Weise mit angesprochen.

Inhaltsverzeichnis

„Was zurück und vor uns liegt,

ist unbedeutend verglichen mit dem,

was in uns liegt."

Ralph Waldo Emerson

Selbstführung als Schlüssel in Zeiten der Veränderung

Immer öfter geraten Menschen in unserer Arbeitswelt unter Druck. Sie werden immer häufiger mit Veränderungen konfrontiert und müssen sich daher immer schneller anpassen. Vielen Menschen fällt das nicht leicht. Niemals zuvor waren die Möglichkeiten so vielfältig. Der Traum von der eigenen Karriere, vom Arbeiten ohne festen Arbeitsplatz oder vom Reichwerden mit nur zwei Stunden Arbeitseinsatz pro Tag ist überall präsent. Selbstbestimmung und Freiheit sind für viele das oberste Ziel – die Realität jedoch fühlt sich nicht selten einschränkend, fremdbestimmt und wenig frei an.

Das Problem ist häufig, dass Menschen in zwei Welten leben: in einer eher fremdbestimmten Arbeitswelt und einer eher selbstbestimmten außerberuflichen Welt. Wenn diese beiden Welten nicht mehr zu vereinbaren sind, kommt es zu spürbaren negativen Konsequenzen.

Heute und vor allem in Zukunft wird es immer wichtiger, dass Menschen auch ihr „Arbeitsschicksal" in die eigene Hand nehmen. Doch inwieweit geht das überhaupt? Und welche Faktoren halten uns davon ab, unser Berufsleben selbstbestimmt und im Einklang mit unseren persönlichen Vorstellungen zu gestalten?

Oft sind es Denkmuster und Gewohnheiten, die eine berufliche und persönliche Selbstentwicklung einschränken. Wir Menschen fühlen uns blockiert von äußeren Zwängen und müssen erst innere Barrieren überwinden, um uns Veränderungen zu stellen und den steigenden Anforderungen gerecht zu werden. Das bedeutet oft: Wir müssen immer wieder auch Misserfolge erleben, um den Erfolg am Ende genießen zu können. Misserfolge gehören unmittelbar zum Erfolg. Doch wie gelingt es, genau dann nicht aufzugeben? Wie gelingt es, sich angemessene und sinnvolle Ziele zu setzen, die richtigen Mittel zu wählen und sich selbst zur Umsetzung zu motivieren? Und so mit unserem Leben zufrieden und mit unseren Handlungen erfolgreich zu sein? Die Antwort auf diese Fragen liegt in der individuellen Fähigkeit, sich selbst zu führen.

Menschen, die sich selbst führen können, denken und handeln eigenverantwortlich und selbstbestimmt. Gerade in Zeiten tief greifender Veränderungen gelingt es ihnen meist, intuitiv die richtigen Entscheidungen zu treffen. Sie bewahren Ruhe, Selbstvertrauen und Klarheit über die eigenen Potenziale sowie ihre Arbeits- und Lebensziele. Sie lassen sich von Zielen und Visionen leiten, die über Routineaufgaben hinausgehen. Sie sind flexibel in ihrem Denken und Handeln, sodass sie Ziele und Visionen schneller und mit besseren Ergebnissen erreichen können. Selbstführung schützt davor, in Gewohnheiten zu verharren. Wer sich selbst führt, agiert proaktiv, statt zu reagieren. Wenn Sie die vielen praktischen Hinweise in diesem Buch umsetzen, werden Sie einmal mehr Gestalter Ihres eigenen Denkens, Fühlens und Handelns sein. Nutzen Sie es als Quelle für Ihren ganz persönlichen Erfolg!

Debora Karsch Friedbert Gay
(Geschäftsführer persolog GmbH)

Die persolog GmbH unterstützt bereits seit 1990 Menschen bei ihrer persönlichen Weiterentwicklung mit pragmatischen und gleichzeitig wissenschaftlich fundierten Lerninstrumenten.

Los geht's mit Ihrer Entdeckungsreise

„Selbstführung ist ein Prozess der Selbstbeeinflussung.
Es geht darum, das eigene Denken, Fühlen, Handeln und den Körper
in eigener Regie zielorientiert zu steuern, absichtsvoll zu verändern,
wirkungsvoll zu kontrollieren und wertebezogen weiterzuentwickeln."

Stellen Sie sich vor, Sie machen Urlaub in den Schweizer Alpen. Sie sind begeisterter Wanderer und freuen sich auf die Tagestouren, die vor Ihnen liegen. Doch ob für die leichte einstündige Tour durchs Dorf oder die schwierige Höhentour, bei der Sie noch eine Zwischenübernachtung einplanen müssen, eine Sache brauchen Sie: Ihre Selbstführung.

Selbstführung ist vergleichbar mit einer Bergtour

Es geht darum, das Ziel zu planen, die notwendige Willenskraft aufzubringen, loszugehen. Wenn Momente kommen, in denen sich Lustlosigkeit breitmacht und die Motivation nachlässt, ist es wichtig, sich emotional zu pushen und weiterzugehen. Manchmal kommen Sie mit der bestehenden Taktik nicht weiter, vielleicht weil der Weg versperrt ist. Dann suchen Sie aktiv nach Umwegen und ändern Ihre Taktik, um den Weg in Richtung Ziel weiterzugehen. Außerdem benötigen Sie auch die körperliche Fitness, um den Weg, den Sie sich ausgesucht haben, zu bewältigen. Erfolgreiche Menschen schaffen es, genau in den Momenten, in denen es darauf ankommt, in all diesen Bereichen in Richtung Ziel zu steuern.

Unbewusst, intuitiv oder reflektiert: Jeder führt sich selbst

Jeder von uns praktiziert Selbstführung auf eine eigene Art und Weise, und das schon immer. Zum Beispiel indem wir unbewusst gewisse Gewohnheiten pflegen oder uns intuitiv bestimmte Strategien zurechtlegen, die sich im Laufe der Zeit bewährt haben. Sie erledigen vielleicht Dinge morgens, die Ihnen leichtfallen, um mit Erfolgserlebnissen in den Tag zu starten. Oder Sie setzen sich selbst Zeitlimits, um Aufgaben schneller vom Tisch zu bekommen. Diese Dinge laufen mehr oder weniger automatisch ab. Unbewusst oder intuitiv. Reflektierte Selbstführung ist dann erforderlich, wenn wir unsere Fähigkeiten ganz bewusst einsetzen müssen, um Probleme zu lösen,

Hindernisse zu überwinden, um einer Vision oder einem ganz persönlichen Ziel längerfristig zu folgen.

Es gibt nicht nur einen Weg, Ihre reflektierte Selbstführung zu steigern. Sie haben gleich vier verschiedene Startpunkte. Sie können sich für einen Weg entscheiden oder alle vier nacheinander gehen. Die Ausgangspunkte sind Ihr Denken, Ihr Fühlen, Ihr Handeln und Ihre körperliche Energie.

Wie diese Ausgangspunkte zu 4 Wegen zu mehr Selbstführung werden, zeigen wir Ihnen in diesem Buch.

Was Sie erleben werden

Wenn Sie sich mit den 4 Wegen zu mehr Selbstführung beschäftigen, machen Sie sich selbst zum Mittelpunkt Ihrer Aufmerksamkeit. Sie steigern Ihre Selbstreflexion, Selbstwahrnehmung und Selbstregulation, wodurch Sie positive Veränderungen in Ihrem ganzen Sein wahrnehmen werden. Auf dem Weg zu mehr Selbstführungs-Kompetenz lernen Sie, durch bewusste Reflexion, Veränderungen, neue Gewohn-heiten etc. Ihre Ziele schneller und besser zu erreichen. Doch es geht darüber hinaus: Sie werden mehr Wissen und Klarheit darüber gewinnen, wer Sie sind, wie Sie ticken und was Sie wirklich zufrieden macht.

Viel Spaß bei der Umsetzung!

Warum Selbstführungs-Kompetenz so wichtig ist

Selbstführungs-Kompetenz macht den Unterschied

Wir alle haben Herausforderungen und Probleme im Leben, die wir schon lange vor uns herschieben. Endlich die Selbstständigkeit angehen, von der man schon so lange träumt. Endlich den nächsten beruflichen Schritt gehen, weil das Gefühl festzustecken dominiert. Endlich weniger arbeiten, weil man die Balance verloren hat und seine Kinder kaum noch sieht. Endlich Gewicht verlieren, der Gesundheit zuliebe. Endlich die große Reise unternehmen, die man schon seit Jahren geplant hat. Endlich … Was ist Ihr „Endlich"? Warum setzen wir unsere Träume und Vorhaben so selten in die Realität um, obwohl sie uns scheinbar so wichtig sind?

Die eigene Selbstführungs-Kompetenz macht den Unterschied zwischen Menschen, die scheinbar mit Leichtigkeit ihre Ziele erreichen, und denen, die sich bemühen, aber doch regelmäßig und vielleicht immer wieder an ähnlichen Punkten scheitern.

Bei der Selbstführung geht es darum, Verantwortung für das eigene Tun zu übernehmen und sich im Sinne der eigenen Vorstellungen und Möglichkeiten weiterzuentwickeln. Selbstführungs-Kompetenz ist die Summe von Kenntnissen und Fertigkeiten, die es ermöglichen, Ziele eigenverantwortlich zu finden, zu definieren und zu erreichen – und zwar basierend auf den eigenen Bedürfnissen, Ansprüchen, Werthaltungen, Überzeugungen und Fähigkeitspotenzialen.

Bei der Selbstführung ist es entscheidend, dass Sie ehrlich bzw. unvoreingenommen und transparent mit sich selbst umgehen. Es geht nicht immer primär darum, den höchsten Gipfel zu erreichen, sondern eine gesunde Balance zu finden zwischen dem, was Sie wollen, und dem, was möglich ist. Beide Komponenten sind entscheidend. Viele Menschen setzen sich Ziele, rennen darauf zu und wissen überhaupt nicht, ob sie da tatsächlich hinmöchten. Wenn Sie jedoch in ein Taxi einsteigen, dann überlegen Sie genau, warum Sie jetzt diese 20 Euro ausgeben werden und wohin Sie fahren wollen, oder nicht?

Was bei diesen alltäglichen Kleinigkeiten selbstverständlich scheint, fehlt bei den größeren Lebensthemen häufig. Die Frage „Wo wollen Sie hin?" ist entscheidend dafür, ob Sie Ihre Ziele erreichen. Wenn das geklärt ist, geht es um Ihre Kompetenzen. Nicht jeder von uns verfügt über die Fähigkeiten, das Matterhorn zu erklimmen.

Dann ist es sinnvoller, sich zunächst den Feldberg vorzunehmen. Erfolgreiche Menschen kennen sich und ihre Selbstführungs-Kompetenz. Sie wissen, wo sie stehen, welche Ressourcen sie haben und an welchen Punkten sie sich noch weiterentwickeln können.

Wir leben in einer komplexen Welt. In einem Zeitalter immer schneller werdender Veränderungen. Wirtschaftliche, gesellschaftliche und technologische Trends werden weniger berechenbar. Wissen veraltet immer schneller. Die Fähigkeit, sich selbst zu führen, ist eine wichtige Ressource, um sich diesen Veränderungen erfolgreich anpassen zu können.

Wer über sich und seine Selbstführungs-Kompetenz nachdenkt, löst damit in Beruf und Privatleben etwas aus. Dadurch verbessern sich
I Klären und Erreichen der eigenen Träume und Ziele,
I Umgang mit Hindernissen und Schwierigkeiten im Leben,
I Einflussnahme und Wirkungsgrad nach außen sowie
I Selbstverantwortung und Selbstbewusstsein.

Es geht nicht immer um „mehr", sondern um die richtige Dosis
Nicht nur zu wenig Selbstführung, sondern auch zu viel kann kontraproduktiv sein. Denn viele angestrebte persönliche Veränderungen kämen kaum voran, wenn Menschen sich ständig damit beschäftigen würden, nachzudenken und abzuwägen, welcher Handlungsschritt als Nächstes möglich, notwendig, angemessen oder nützlich sein könnte. Es kommt also auf die richtige Dosis an und darauf, dass die Selbstführungs-Kompetenz dann genutzt wird, wenn Sie nicht zu einem zufriedenstellenden Ergebnis kommen. Zum Beispiel:

I Wenn Sie seit Jahren ein Ziel verfolgen und immer wieder scheitern.
I Wenn Sie ein Ziel vorgegeben bekommen, mit dem Sie sich nicht anfreunden können.
I Wenn Sie nicht wissen, was Sie wollen, sondern in den Tag hineinleben.
I Wenn Sie nicht von der Stelle kommen.
I Wenn Sie sich Ihr Leben anders vorstellen („Was wäre wenn …").

… Immer dann ist Selbstführung sinnvoll.

Aktion: Raus aus der Komfortzone!
Wo fällt Ihnen Selbstführung schwer?

Jeder von uns setzt unterschiedliche Prioritäten in seinem Leben. Man könnte ganz vereinfacht sagen: Jeder hat unterschiedliche Lebensbereiche. Vielleicht gelingt es Ihnen in einem Bereich sehr gut, sich selbst zu führen, und in einem anderen weniger gut. Schauen Sie sich einmal Ihre Lebensbereiche an und machen Sie eine Ersteinschätzung.

Anleitung: Machen Sie bei den folgenden 35 Sätzen maximal 10-mal ein Häkchen ☑ vor die Aussagen, die Sie **am ehesten** beschreiben. Setzen Sie maximal 10-mal ein Kreuz ☒ vor die Aussagen, die Sie **am wenigsten** beschreiben.

Eigene Persönlichkeit
- ☐ Ich bin zufrieden mit meinen eigenen Stärken.
- ☐ Ich fühle mich wohl mit meinem Wissen und meinen Fähigkeiten.
- ☐ Ich denke positiv über mich selbst.
- ☐ Ich habe genügend Freiraum, mich selbst auszuprobieren.
- ☐ Ich kenne meine Grenzen und arbeite daran, wenn notwendig.

Familie und Partnerschaft
- ☐ Ich habe genügend Zeit für meine Familie.
- ☐ Ich habe selten ein schlechtes Gewissen, weil ich wichtige Dinge verpasse.
- ☐ Der Umgang miteinander ist so, wie ich es mir vorstelle.
- ☐ Ich habe trotz Familie genügend Freiräume für das, was mir wichtig ist.
- ☐ Ich bin zufrieden mit unserem Familienleben.

Beruf und Karriere
- ☐ Ich habe genügend Möglichkeiten, mich zu entfalten.
- ☐ Ich empfinde meine Leistung als gut genug.
- ☐ Ich bekomme genügend Anerkennung für das, was ich tue.
- ☐ Ich vergesse häufig die Zeit, während ich arbeite.
- ☐ Ich beschäftige mich selten damit, mich umzuorientieren.

Gesundheit und Fitness
- ☐ Ich bin zufrieden mit meiner Ernährung.
- ☐ Ich fühle mich wohl mit meinem Körpergewicht.
- ☐ Ich habe genügend Entspannung in meinem Alltag.
- ☐ Ich bewege mich so viel, wie ich möchte.
- ☐ Es geht mir gesundheitlich gut.

Finanzen und Materielles

☐ Ich habe genügend Geld, um mir das zu leisten, was ich möchte.

☐ Ich fühle mich finanziell gut abgesichert (und meine Familie ebenso).

☐ Ich empfinde mich als finanziell unabhängig, Geld bestimmt nicht primär, was ich beruflich tue.

☐ Ich denke selten darüber nach, dass ich mehr Geld verdienen möchte.

☐ Ich fühle mich selten gezwungen, (noch) sparsamer zu sein.

Soziales Umfeld

☐ Ich habe Freunde, die mich unterstützen, wenn es darauf ankommt.

☐ Ich habe weder zu wenige noch zu viele soziale Kontakte.

☐ Ich pflege mein soziales Umfeld zufriedenstellend.

☐ Es gibt jemanden, mit dem ich wichtige Dinge besprechen kann.

☐ Ich fühle mich selten von Menschen aus meinem sozialen Umfeld unter Druck gesetzt.

Freie Zeit

☐ Ich habe genügend Zeiten der Entspannung.

☐ Ich habe genügend Zeit, mir Gedanken darüber zu machen, was ich will.

☐ Ich habe genügend Zeit für Hobbys, die ich gern auslebe.

☐ Ich denke selten, dass ich manches gern tun würde, dafür aber keine Zeit habe.

☐ Ich weiß, was ich in meiner Freizeit gern mache.

Haben Sie Schwerpunkte in Ihren Lebensbereichen festgestellt? Haben Sie die Markierungen bunt verteilt oder haben Sie alle Häkchen und alle Kreuze in ein bis zwei Lebensbereichen angebracht? Alle Kombinationen sind möglich, keine ist negativ oder positiv. Vielleicht können Sie bereits erkennen, in welchen Bereichen Sie eher zufrieden sind und wo Sie sich Veränderungen wünschen. Je mehr Kreuze Sie in einem Bereich vergeben haben, desto höher ist Ihr Veränderungswunsch in diesem Lebensbereich. Und desto mehr können Sie dort erreichen, wenn Sie Ihre Selbstführungs-Kompetenz verbessern. Genau hier heißt es nun: Raus aus der Komfortzone!

Aber Vorsicht! Es geht in der Selbstführung nicht darum, jeden Lebensbereich bis ins letzte Detail zu regulieren und zu steuern. Wenn Sie das tun, ist das eher eine überkontrollierte Lebensführung als eine erfolgreiche Selbstführung. Es geht darum, wenn es darauf ankommt, Dinge so verändern zu können, dass Sie Ihr Ziel auch erreichen.

Wie aus Wünschen Handlungen werden

„Ich wünsche mir ein neues Auto." – *Dieser Satz sagt erst einmal nichts darüber aus, was eine Person tun wird. Wir wissen nicht, ob sie im Internet das Wunschmodell konfiguriert hat oder im Autohaus zur Probefahrt war. All dies wären Handlungsteilschritte auf dem Weg, an dessen Ende die Person ein neues Auto kauft.*

Das theoretische Konzept, das dem persolog® Selbstführungs-Modell zugrunde liegt, ist das Handlungsmodell, genannt das Rubikon-Modell, nach Gollwitzer. Im gesamten Handlungsprozess ist die Selbstführung entscheidend, denn psychische Prozesse und somit die selbstführungsrelevanten Fähigkeiten und Kenntnisse drücken sich vorwiegend in Handlungen aus. Der Weg vom Wünschen zum Handeln ist ein dynamischer Prozess, der aus verschiedenen, zeitlich aufeinanderfolgenden Phasen besteht. Ein Wunsch wird zum Ziel. Dieses Ziel veranlasst uns dazu, Handlungsabsichten zu bilden, Pläne zu entwerfen und diese in Handlungen umzusetzen.

Phase 1: Wählen
Die erste Phase beginnt damit, verschiedene Wünsche und Zielvorstellungen gegeneinander abzuwägen, und endet mit dem Überschreiten der sogenannten Rubikon-Grenze. Den Rubikon zu überschreiten bedeutet, sich für etwas Bestimmtes zu entscheiden und sich zur Zielerreichung zu verpflichten. Es gibt keinen Weg zurück. Menschen haben viele Wünsche, zum Beispiel mehr Sport, weniger Gewicht, eine Beförderung. Nicht alle diese Wünsche müssen in Handlungen umgesetzt werden. *Wenn Sie sich ein neues Auto wünschen, geht es in dieser Phase darum, sich dafür zu entscheiden, dass Sie wirklich ein neues Auto kaufen möchten. Sie haben vermutlich schon erste Vorstellungen davon. Stadtauto, SUV, Familienkutsche? Vielleicht haben Sie auch schon konkrete Modelle im Blick. Egal wie konkret Ihre Vorstellungen in dieser Phase sind, entscheidend ist: Sie wählen die Entscheidung, ein neues Auto zu kaufen. Aus Wählen wird Wollen.*

Phase 2: Planen
Die Konzentration in der zweiten Phase liegt auf dem Planen von Strategien, ein konkretes Ziel zu erreichen. Alle Kräfte sollen mobilisiert werden, um dem Ziel näher zu kommen. Alles, was die Zielerreichung behindert oder blockiert, wird hier ausgeblendet. Die Phase ist eher positiv gestimmt.

Sie konfigurieren Ihr neues Auto oder suchen im Internet nach möglichen Gebrauchtwagen. Sie investieren Zeit und Energie, um aus Ihrem Wunsch ein konkretes Ziel zu machen. Welches Auto genau soll es sein? Was genau unternehmen Sie, um Ihrem Ziel näher zu kommen?

Phase 3: Handeln

Hier kommen die konkreten Handlungsschritte ins Spiel, die nötig sind, bis die Intention umgesetzt ist. Manchmal wird übereilt gehandelt. Die ersten Hindernisse tauchen auf und die Verunsicherung kann steigen. Sie beginnen, an Ihrer Entscheidung zu zweifeln, denken in Alternativen und an die Konsequenzen, die Ihre Entscheidung nach sich ziehen kann. *Vielleicht schauen Sie sich die ersten Autos an und stellen fest, dass Sie für Ihr Budget nicht das bekommen, was Sie wollen. Oder Sie merken, dass Ihr Zielauto gar nicht Ihre Bedürfnisse erfüllt. Zum Beispiel, weil auf die Rückbank keine drei Kindersitze passen.*

Phase 4: Bewerten

Die zurückliegenden Handlungen werden bewertet. Das Ergebnis wird den Ursachen zugeschrieben. Aus Erfahrungen werden Schlüsse gezogen. *Sie merken, dass der Neuwagen keine Option darstellt, weil jedes Finanzierungsangebot zu teuer wird. Ihre Schlussfolgerung: Sie werden auf einen Gebrauchtwagen umsteigen.*

Dieses Modell bietet ein theoretisches Rahmenkonzept für Selbstführung, denn es ermöglicht, die verschiedenen Ansatzpunkte einer Handlungsgestaltung zu identifizieren und besser zu verstehen.

Das Rubikon-Modell verdankt seinen Namen dem Fluss Rubikon, dessen Überschreitung historische Bedeutung erlangt hat. Als Metapher markiert der Rubikon den Punkt eines psychischen Prozesses, an dem aus unverbindlichem Suchen, Abwägen und Wählen feste Entschlossenheit, Handlungsgewissheit und unbedingtes Wollen wird.

Die nächsten Schritte auf dem Weg zur Veränderung

Jeder Mensch hat seine ganz individuelle Selbstführung – je nach Situation und Lebensbereich. Bei manchen Menschen ist die Selbstführungs-Kompetenz in einem Bereich sehr hoch und in einem anderen niedrig. So kann es sein, dass es Ihnen beruflich gelingt, alles zu erreichen, was Sie sich vorstellen, dass Sie es aber seit Jahren nicht schaffen, regelmäßig joggen zu gehen.

Menschen fällt es oft schwer, Veränderungen umzusetzen, weil sie in Automatismen und Gewohnheiten feststecken. Je öfter wir etwas in der gleichen Art und Weise tun, desto mehr verfestigt sich dieses Verhalten. Genau deshalb ist es so schwierig, langjährige Gewohnheiten zu verändern. Wenn Sie ein Ziel nicht erreichen und immer wieder scheitern, geht es darum, die Stolpersteine und andere kritische Punkte zu erkennen, die Gewohnheiten und Automatismen zu durchbrechen und bessere Alternativen zu etablieren, um so neue Gewohnheiten zu schaffen.

Dieses Buch soll Ihnen genau dabei helfen. Wir unterstützen Sie dabei, neue Automatismen und Gewohnheiten zu entwickeln. Wenn Ihnen das gelingt, rückt Ihr neues, „besseres" Verhalten ins Intuitive. Es wird zu einer neuen Gewohnheit, die in ähnlichen Situationen leicht abrufbar und damit leicht umsetzbar ist. Und genau darum geht es, wenn Sie Ihre Selbstführungs-Kompetenz verbessern möchten.

Sie bekommen auf den folgenden Seiten Hinweise darauf, wo Sie stolpern. Sie bekommen danach viele Methoden und Ideen an die Hand, die Sie genauso trainieren können wie eine neue Sportart. Je öfter Sie wiederholen, desto mehr etabliert sich die Methode und desto einfacher wird es für Sie.

Wir wollen Sie dazu motivieren, sich vor allem mit sich selbst und denjenigen Lebensbereichen zu beschäftigen, in denen Sie sich Veränderungen wünschen. Auf dieser Entdeckungsreise werden Sie neue Erkenntnisse über sich selbst gewinnen, menschliche Verhaltensweise verstehen und viele konkrete Ansatzpunkte für eine bessere Selbstführung bekommen. Diese bessere Selbstführung wird letztendlich zu einem glücklicheren und zufriedeneren Leben führen – also zu dem, was wir uns alle wünschen.

Wie sich Selbstführungs-Kompetenz erfassen lässt

Selbstführung ist ein relativ neuer psychologischer Ansatz. Er ist in den 1980er-Jahren in den USA entstanden. Das Fundament des Ansatzes bilden verschiedene Theorien der Selbstbeeinflussung und Selbstregulation, aber auch Aspekte der Persönlichkeitsentwicklung und emotionaler Intelligenz. Weltweit gibt es inzwischen zahlreiche Studien, die alle einen wesentlichen Aspekt unterstreichen:

Selbstführung ist eine Fähigkeit, die entwickelt und erlernt werden kann.

Der Zweitautor dieses Buches entwickelte in den frühen 2000er-Jahren auf der Basis umfassender Studien ein Selbstführungs-Modell, das kognitive, lern-, motivations-, willens- und emotionstheoretische sowie physiologische Erkenntnisse miteinander verbindet. Die Grundannahme lautet: Selbstführung vermittelt zwischen mentalen Prozessen, offenen Verhaltensweisen, Anforderungen des Arbeitsumfelds sowie physischen Gegebenheiten.

Das Modell beschreibt vier grundlegende Selbstführungs-Dimensionen, die sich in jedem Menschen wiederfinden, allerdings in unterschiedlicher Ausprägung. Hieraus ergeben sich die vier Quadranten:

Basierend auf diesem theoretischen Grundgerüst wurden das persolog® Selbstführungs-Modell und Selbstführungs-Profil entwickelt.

Selbstführung und Selbstwirksamkeit:
Glauben Sie an Ihre eigenen Fähigkeiten?

Für Menschen ist es außerordentlich wichtig, von sich selbst und ihrem Tun überzeugt zu sein. Wir alle brauchen das Gefühl, etwas zu wissen und tun zu können. Fehlt diese Überzeugung, führt dies zu Unsicherheit und im schlimmsten Fall zu Apathie, Unlust oder depressiver Verstimmung.

Giovanni, ein zehnjähriger Junge, der für sein Leben gern Fußball spielt, glaubt fest daran, dass er eines Tages in der deutschen Nationalmannschaft spielen wird. Was glauben Sie, was die Erwachsenen sagen? Es fallen Sätze wie *„Das schaffen nur ganz wenige", „Mach lieber was Vernünftiges", „Mach erst mal die Schule fertig, dann wirst du schon sehen"*. Dabei hat Giovanni doch etwas, das viele von uns im Laufe der Jahre verloren haben: den Glauben an sich selbst und die eigenen Fähigkeiten.

Was ist Selbstwirksamkeit?
Unter Selbstwirksamkeit versteht man die persönliche Überzeugung, auch schwierige Situationen und Herausforderungen aus eigener Kraft bewältigen zu können.

Selbstführung und Selbstwirksamkeit beeinflussen sich gegenseitig
Die Gedanken, die unsere Ziele begleiten, beeinflussen unsere Selbstwirksamkeit und wirken sich auf die Selbstführung aus. Die kompetente Selbstführung führt zur Wahrnehmung der eigenen Wirksamkeit und umgekehrt. Wenn Sie davon überzeugt sind, dass Sie etwas schaffen, beeinflusst das Ihre Arbeitsleistung und führt im Falle des Erfolgs zur Verstärkung der Selbstführungs-Kompetenz.

Das Vertrauen in die eigene Selbstwirksamkeit hat einen direkten Einfluss auf unser Verhalten. Wenn Sie daran glauben, dass Sie etwas schaffen können, dass Sie Lösungen für Probleme finden und dass es Ihnen gelingt, Ihr Ziel auch dann zu erreichen, wenn Schwierigkeiten und Hindernisse auftreten, dann ist das motivierend und bewirkt, dass Sie sich anspruchsvolle Ziele setzen und diese auch tatsächlich erreichen.

Deshalb ist es wichtig, dass Sie überlegen, wie niedrig oder hoch Ihre Selbstwirksamkeit ist und an welchen Punkten Sie arbeiten sollten, um sich selbst effektiver führen zu können.

Aktion: Reflektieren Sie Ihre Selbstwirksamkeit

1. Schätzen Sie sich selbst ein: Befinden Sie sich links oder rechts in der Tabelle?

	Entscheiden Sie sich für 1 oder 2: Wo sehen Sie sich eher?		
	1 oder	**2**	
☐	Ich nehme Chancen, die sich bieten, kaum oder wenig wahr.	Ich suche aktiv nach Chancen, weil ich denke, dass ich immer etwas daraus machen kann.	☐
☐	Ich lasse mich schnell durch Misserfolge entmutigen.	Ich erhöhe die Anstrengung so lange, bis das Ziel erreicht ist.	☐
☐	Ich setze mir eher niedrige Ziele und verspüre öfter innere Vorbehalte auf dem Weg zum Ziel.	Ich setze mir anspruchsvolle Ziele und steigere wenn nötig die Motivation zur Leistungserreichung.	☐
☐	Bei Problemen weiß ich oft nicht, wie ich sie lösen oder mit ihnen umgehen soll.	Probleme kann ich meist aus eigener Kraft lösen.	☐
	Summe X Spalte 1	**Summe X Spalte 2**	

Auswertung: Wenn Sie mehr Kreuze in Spalte 1 haben, haben Sie eine eher geringe Selbstwirksamkeitserwartung. Wenn Sie mehr Kreuze in Spalte 2 gemacht haben, ist Ihre Selbstwirksamkeitserwartung eher hoch.

2. Welche Gedanken, Kommentare von anderen Menschen oder sonstigen Dinge hindern Sie daran, an sich selbst und Ihre Fähigkeiten zu glauben?

3. Bei welchen Ihrer Fähigkeiten würden Sie gern mehr Selbstvertrauen haben? Haben Sie erste Ideen, wie Sie das erreichen könnten?

Das persolog® Selbstführungs-Modell

Mit dem persolog® Selbstführungs-Modell wird Selbstführungs-Kompetenz sichtbar gemacht. Es basiert auf dem theoretischen Konstrukt, das die vier Dimensionen Denken, Fühlen, Handeln und Energie miteinander verbindet. Das persolog® Selbstführungs-Modell ist wissenschaftlich fundiert und wird kontinuierlich weiterentwickelt. Es ermöglicht Ihnen, Ihre eigene Selbstführungs-Kompetenz zu erkennen und zu steigern.

Es werden drei Kompetenz-Niveaus unterschieden: ❚ Niedrig ❚ Mittel ❚ Hoch

Egal, bei welchem Kompetenz-Niveau Sie aktuell stehen …

… Sie lernen ganz konkrete Schritte kennen, wie Sie Ihre Kompetenz steigern können. Sie werden erleben, was es bedeutet, wenn Sie wirklich wissen, was Sie wollen, wie Sie plötzlich mit Leichtigkeit aus einem emotionalen Tief kommen, wie Sie mit einfachen Verhaltensänderungen Dinge schaffen, die vorher unmöglich schienen, und wie Sie Ihre körperlichen Ressourcen produktiv in Ihren Alltag integrieren.

Das persolog® Selbstführungs-Modell zeigt Ihnen …

… warum Sätze wie „Mit Willenskraft schaffst du alles" oder „Du musst nur die Ziele hoch genug setzen, dann wird das Leben gut" Unsinn sind. Der Schlüssel ist die Ganzheitlichkeit der vier Dimensionen. Das muss Ihr innerer Selbstführungs-Kompass sein. Der Kompass zu Ihren Zielen.

4 Wege zu ganzheitlicher Selbstführung sind der Schlüssel, um Ihre Ziele zu erreichen.

Die 4 Wege zu ganzheitlicher Selbstführung:
Denken – Fühlen – Handeln – Energie

Denken (kognitive Selbstführung) – Was möchten Sie erreichen?

In dieser Dimension geht es darum, innere Klarheit über die eigenen Bedürfnisse bei der Zielsetzung zu erlangen. Und darum, innere Blockaden und äußere Widerstände, die bei der Zielverfolgung auftauchen, zu überwinden. Hier wird danach gefragt, wie bewusst und klar Sie sich Ziele setzen und wie Sie die notwendige Willenskraft aufbringen, loszulegen. Wie gut gelingt es Ihnen, anhand dessen, was Ihnen persönlich wichtig ist, Ziele abzuleiten, den Weg dorthin zu entwickeln, mit Ablenkungen umzugehen und auch bei unangenehmen Aufgaben am Ball zu bleiben?

Fühlen (emotionale Selbstführung) – Nutzen Sie die Kraft der Emotionen?

In dieser Dimension geht es darum, die Quellen Ihrer eigenen Motivation zu kennen, auch in vermeintlich langweiligen Aufgaben motivierende Aspekte zu finden sowie innere Blockaden durch bewusstes Regulieren der eigenen Emotionen zu überwinden. Die Frage ist also, wie Sie die Kraft der Emotionen nutzen, um Ihren Zielvorstellungen mit einer positiven Grundhaltung zu begegnen. Besonders dann, wenn Sie sich unmotiviert fühlen, können Emotionen eine Kraftquelle sein.

Handeln (verhaltensbezogene Selbstführung) – Führt Ihr Handeln zum Ziel?

In dieser Dimension geht es darum, das persönliche Umfeld selbstverantwortlich so zu gestalten, dass es bestmöglich zu den eigenen Vorstellungen passt, sowie Verhaltensautomatismen zu durchbrechen und durch wünschenswertes alternatives Verhalten zu ersetzen. Die Frage ist auch, wie gut es Ihnen gelingt, Ihre Umgebung mit Eigeninitiative zu beeinflussen, Freiräume zu schaffen und zu nutzen und Ihr Verhalten dann zu verändern, wenn es Ihnen im Weg steht.

Energie (vitale Selbstführung) – Hat Ihr Körper ausreichend Energie für Ihre Ziele?

In dieser Dimension geht es darum, Ihre körperlichen und physiologischen Ressourcen zur Steigerung der mentalen Leistungsfähigkeit zu nutzen. Die Frage ist also, wie gut es Ihnen gelingt, die für Ihre Vitalität wichtigen Bereiche Ernährung, Bewegung und Entspannung so zu steuern, dass Sie leistungsstark, belastbar und widerstandsfähig sind.

Wo stehen Sie in der Selbstführung?

Aktion: Wie sieht Ihre Selbstführungs-Kompetenz aus?

Entscheidend dafür, Ihre Selbstführungs-Kompetenz in Zukunft zu verbessern, ist die Frage: Wo stehen Sie gerade? Wie gut ist Ihre bisherige intuitive Selbstführung? Durch mehr innere Transparenz schaffen Sie die Grundlage, effektiver mit sich selbst umzugehen. Genau darum geht es in der folgenden Selbsteinschätzung.

So füllen Sie den Fragebogen zur allgemeinen Selbstführungs-Kompetenz aus:
Nehmen Sie eine beliebige Geldmünze zur Hand. Wichtig: Legen Sie alle Stifte weg – Sie brauchen nur eine Münze, um den Fragebogen auszufüllen.

I **Versetzen Sie sich in Ihre Arbeitssituation hinein.** Hinweis: Der Fragebogen ist für Ihr Arbeitsumfeld konzipiert. Sie können auch eine andere Situation wählen (z. B. aus dem Privatleben), passen Sie dann gedanklich die Fragen, in denen „Arbeit" vorkommt, entsprechend an.

I **Schritt 1: Rubbeln Sie mit der Münze ein Feld auf der vierstufigen Skala von „trifft gar nicht auf mich zu" bis „trifft voll und ganz auf mich zu" frei.** Hinweis: Entscheiden Sie sich möglichst spontan für ein Feld im blauen Bereich und rubbeln Sie dann mit der Münze über das Feld. Es wird eine Zahl erscheinen.

I **Schritt 2: Wenn Sie alle zwölf Fragen beantwortet haben:** Rubbeln Sie jetzt die roten Felder frei. Hier erscheint ein Buchstabe: D, F, H oder E.

So werten Sie Ihr Ergebnis aus
I Nachdem Sie alle zwölf Fragen beantwortet und die zugehörige Dimension freigerubbelt haben, füllen Sie jetzt die Auswertungsbox aus.

I In den roten Feldern „Dimension" finden Sie jeweils einen der vier Buchstaben aus der Auswertungsbox. Übertragen Sie die Punkte aus den blauen Feldern in die Auswertungsbox. Pro Buchstabe gibt es drei Zahlen, die Sie eintragen (siehe Beispiel).

I Berechnen Sie dann die Gesamtsummen pro Buchstabe bzw. Dimension sowie die Gesamtpunktzahl aller vier Dimensionen und tragen Sie sie in die Summenbox ein (siehe Beispiel).

Schritt 2: nochmal
freirubbeln

trifft
gar nicht auf
mich zu

trifft
voll und ganz
auf mich zu

Schritt 1: freirubbeln
mit einer Münze

Dimen-
sion

#	Aussage							Dimension
1	Wenn ich gewisse Verhaltensweisen ändern will, finde ich den besten Weg dafür.	☐	☐	☐	☐	☐	☐	☐
2	Wenn ich frustriert bin, weiß ich, wie ich meine Stimmung verbessern kann.	☐	☐	☐	☐	☐	☐	☐
3	Ich tue das Beste für mein körperliches Wohlbefinden.	☐	☐	☐	☐	☐	☐	☐
4	Ich gestalte mein Arbeitsumfeld aktiv so, dass es für mich motivierend ist.	☐	☐	☐	☐	☐	☐	☐
5	Was ich begonnen habe, führe ich trotz widriger Umstände zu Ende.	☐	☐	☐	☐	☐	☐	☐
6	Ich kann meine Gefühle so beeinflussen, dass diese sich positiv auf meine Arbeit auswirken.	☐	☐	☐	☐	☐	☐	☐
7	Wenn ich mehrere Aufgaben zu erledigen habe, weiß ich, welche ich zuerst bearbeite.	☐	☐	☐	☐	☐	☐	☐
8	Ich achte bewusst darauf, meinen Körper zu fordern.	☐	☐	☐	☐	☐	☐	☐
9	Ich schaffe mir Freiräume, um meine Arbeit nach eigenen Vorstellungen erledigen zu können.	☐	☐	☐	☐	☐	☐	☐
10	Ich tue etwas dafür, körperlich fit zu bleiben.	☐	☐	☐	☐	☐	☐	☐
11	Wenn ich unmotiviert bin, finde ich den Weg, um das Angefangene zu vollenden.	☐	☐	☐	☐	☐	☐	☐
12	Ich weiß, was mich motiviert.	☐	☐	☐	☐	☐	☐	☐

Tragen Sie Ihre Zahlen in die Auswertungsbox ein.

Mein Ergebnis:

Auswertungsbox			
D	___ + ___ + ___	**F**	___ + ___ + ___
E	___ + ___ + ___	**H**	___ + ___ + ___

Summenbox		Gesamt
D	**F**	
E	**H**	

Beispiel:

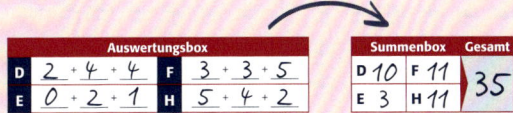

Auswertungsbox			
D	2 + 4 + 4	F	3 + 3 + 5
E	0 + 2 + 1	H	5 + 4 + 2

Summenbox		Gesamt
D 10	F 11	35
E 3	H 11	

So erstellen Sie Ihr Selbstführungs-Diagramm

Die Summe Ihrer Punkte je Buchstabe übertragen Sie im nächsten Schritt in das Selbstführungs-Diagramm auf Seite 29 (siehe Beispiel unten).

Der Buchstabe mit der höchsten Punktzahl repräsentiert im Diagramm den Kompetenzbereich der Selbstführung (im Beispiel: Handeln), in dem Ihre Fähigkeiten am stärksten ausgeprägt sind. Der Buchstabe mit der niedrigsten Ausprägung entspricht dem Bereich, in dem Ihre Selbstführungs-Kompetenz am niedrigsten ausgeprägt ist (im Beispiel: Energie).

Jeder Mensch ist einzigartig. Vergleichen Sie Ihre Ergebnisse nicht mit denen anderer Menschen: Es kann sein, dass Sie eine „schlechtere" Selbstführungs-Komptenz haben, weil Sie sich vielleicht etwas kritischer bewertet haben in der Selbsteinschätzung. Es kommt nicht nur auf die Ausprägung an sich an, sondern auch darauf, wie die vier Punkte zueinander in Relation stehen. Welche Selbstführungs-Dimension ist Ihre Stärke? Welche hat am meisten Potenzial? Woran wollen Sie arbeiten?

Beispiel:
So erstellen Sie Ihr
Selbstführungs-Diagramm.

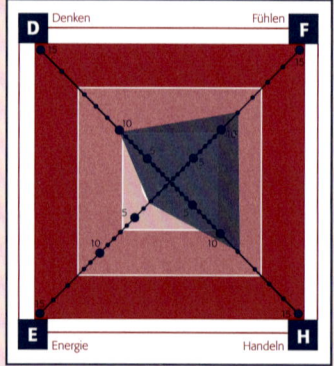

Wie sieht Ihre Selbsteinschätzung aus?

Übertragen Sie hier nun die Punktwerte für D, F, H und E in das Selbstführungs-Diagramm ein, und verbinden Sie die vier Punkte auf den Diagonalen. Wenn Sie (wie in unserem Beispiel S. 28) „Ihre" Flächen in den einzelnen Quadranten mit verschiedenfarbigen Textmarkern ausmalen, werden Ihre persönlichen Verhaltenstendenzen deutlich.

Auswertung: Meine Selbstführungs-Kompetenz

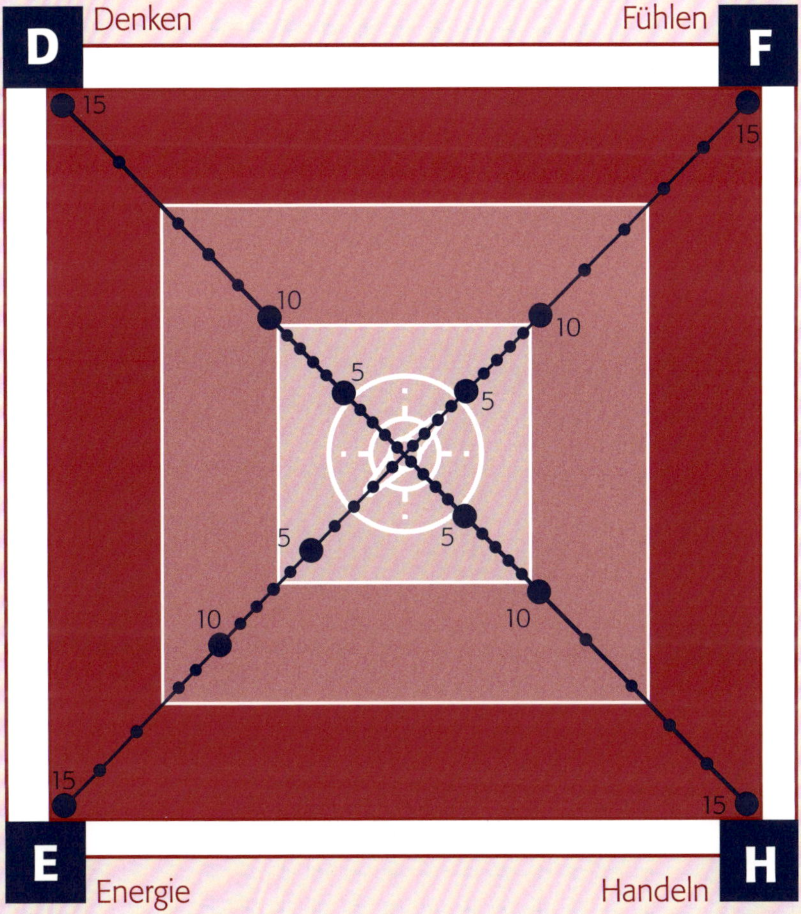

Wie Sie Ihr Ergebnis interpretieren können

Das ganzheitliche Selbstführungs-Modell beschreibt Ihre Selbstführungs-Kompetenz, die immer eine Kombination aller vier Dimensionen ist. Denken, Fühlen, Handeln und Energie bestimmen gemeinsam darüber, wie Ihre Selbstführung sich im Alltag zeigt. Jeder Mensch nutzt generell bewusst oder intuitiv die vier Selbstführungs-Dimensionen. Wir neigen jedoch dazu, je nach beruflichem oder privatem Umfeld einer oder mehreren dieser Dimensionen mehr Aufmerksamkeit zu widmen als anderen. Die Kompetenzen, die in Ihrem Diagramm ausgeprägter (dunkler) sind, gebrauchen Sie öfter. Sie deuten auf Ihre Stärken in der Selbstführung.

Im Beispiel-Diagramm ist erkennbar, dass die Person hier Stärken im Handeln und Fühlen hat. Sie setzt diese beiden Selbstführungs-Dimensionen häufiger ein als die anderen beiden. Es ist auch sichtbar, dass die Person ihre Schwächen in der Energie hat. Diese Dimension wird ihr bei der Umsetzung von Zielen am meisten im Weg stehen. Das „beste" Profil gibt es nicht. Alle Dimensionen können mehr oder weniger effektiv sein. Ziel ist es, dass Sie in allen vier Dimensionen auf Ihre inneren Ressourcen zurückgreifen und durch verschiedene Techniken und Methoden Ihre Kompetenzen stärken und weiter ausbauen können. Was genau steckt hinter den vier Dimensionen? Das zeigen wir Ihnen auf den nächsten Seiten. Zunächst geht es darum, was die vier Dimensionen überhaupt ausmacht. Dann erhalten Sie ganz konkrete Strategien, um Ihre persönliche Selbstführung zu verbessern.

Übrigens: Wie Sie im Selbstführungs-Diagramm sehen, ist nicht die höchste Punktzahl ausschlaggebend, sondern der äußerste Punkt auf der Achse. Im Beispiel haben Fühlen und Handeln jeweils 11 Punkte, doch Handeln ist ausgeprägter. Der Grund für die unterschiedlichen Ausprägungen liegt in der Statistik bei der wissenschaftlichen Untersuchung.

Zum Thema „Schubladendenken"

Wir Menschen haben natürliche Widerstände und Vorbehalte, menschliche Fähigkeiten zu typisieren. Und das ist auch gut so, denn jeder Mensch ist mit seinen Fähigkeiten einzigartig. Dennoch gibt es viele Gemeinsamkeiten und Ähnlichkeiten in unseren Selbstführungs-Kompetenzen, sodass wir nachweislich unsere Effektivität in vielen Situationen über solch einen modellhaften Ansatz verbessern können.

D

DENKEN
(kognitive Selbstführung)

Eigene Denkgewohnheiten bewusst unter die Lupe nehmen und hinterfragen, unerwünschte Muster durchbrechen und neue etablieren.

▌ Um die eigenen Ziele wissen, die im Einklang mit den Bedürfnissen sind

▌ Selbstmotivierendes und leistungswirksames Chancen-Denken entwickeln

▌ Hindernis-Denken reduzieren

F

Fühlen
(emotionale Selbstführung)

Die eigenen Emotionen bewusst wahrnehmen, die Möglichkeiten der eigenen Kontrolle über Emotionen verstehen und sich positiv motivieren.

▌ Klarheit über die eigenen Gefühle haben

▌ Situationen neu bewerten, die plötzlichen Ärger, Furcht oder Unlust auslösen

▌ Gezielte Strategien einsetzen, um die emotionale und motivationale Bindung zu selbst gesetzten Ziel zu erhöhen

E

ENERGIE

(vitale Selbstführung)

Das Bewusstsein über den eigenen Körper erhöhen, leistungshemmende Gewohnheiten identifizieren, durch entscheidende Veränderungen in der Lebensweise die eigene körperliche Verfassung optimieren.

▌ Bewusstsein, Reflexion und Intervention in den Bereichen Ernährung, Bewegung und Entspannung

▌ Aktiv auf den eigenen Körper hören und aufmerksam für die Bedürfnisse sein

▌ Gesundheitsförderliche Voraussetzungen schaffen, um auch in belastenden Situationen leistungsfähig zu bleiben

H

HANDELN
(verhaltensbezogene Selbstführung)

Die Beobachtung des Verhaltens schärfen, eigene Verhaltensroutinen hinterfragen, sie durch neues (effektiveres) Verhalten ersetzen und so wirksame Veränderungen im Verhalten umsetzen.

▌ Sich bewusst mit dem eigenen Handeln und Umfeld beschäftigen

▌ Verhaltensreaktionen in schwierigen Situationen analysieren und verändern

▌ Blinde Flecken minimieren und sich bewusst mit negativen Konsequenzen des eigenen Verhaltens auseinandersetzen

Denken – die kognitive Selbstführungs-Kompetenz: Nutzen Sie die Kraft der Gedanken

Sich kognitiv selbst zu führen bedeutet, die eigenen Denkweisen zielgerichtet steuern und kontrolliert in eine beabsichtigte Richtung lenken zu können. Kognitive Selbstführungs-Kompetenz befähigt Menschen dazu, ein motivationsförderndes Denken zu entwickeln und irrationale Gedankenmuster auf dem Weg zum Ziel zu vermeiden.

In der kognitiven Selbstführung geht es darum, wie Sie Ihre eigenen Ziele im Leben finden, setzen und erreichen können. Und wie Sie Ihren Zielsetzungen motivierende Startimpulse, eine wünschenswerte Ausrichtung und Kontinuität geben. Wichtig ist dabei die Willensfokussierung, das heißt, Sie sollten wissen, wie die eigenen Willenskräfte mobilisiert und Widerstände, die bei der Zielverfolgung auftauchen, überwunden werden können. Wenn Menschen hinderliche Denkgewohnheiten hinterfragen und ändern, steigert sich die eigene Selbstwirksamkeitsüberzeugung. Sie verstehen, dass sie selbst etwas bewirken und darüber entscheiden können, was und wie sie denken.

 Ziele

I Allgemeine Denkgewohnheiten hinterfragen.
I Unerwünschte Denkmuster durchbrechen.
I Leistungsmotivierendes Chancen-Denken entwickeln.

 Gefahren

Es geht nicht um ein übersteigertes Chancen-Denken. Das kann auch hinderlich sein, wenn es auf übertriebenem Optimismus und Euphorie basiert. Es geht nicht darum, pauschal alle Hindernisse abzuwehren. Die Idee ist, bewusst abzuwägen, ob und wie Denkbarrieren und Limitationen das eigene Handeln einschränken.

 Quick-Tipps zur persönlichen Entwicklung

I Setzen Sie sich ein Ziel und gehen Sie davon aus, dass Sie es auch erreichen können – machen Sie heute schon den ersten Schritt.
I Erhöhen Sie die eigene Selbstwirksamkeit durch Sätze wie: „Wenn ich das schon einmal geschafft habe, werde ich es auch dieses Mal schaffen." (Siehe auch S. 20)
I Suchen Sie nach anderen Menschen, die bereit sind, Sie in Ihrem Glauben an Ihre Fähigkeiten zu bestärken. Menschen, die Ihnen sagen: „Du kannst es schaffen."

⟨↗⟩ Wie Sie Ihre Kompetenz erhöhen können

In dieser Dimension setzen Sie bewusst konkrete und herausfordernde Ziele. Aus dem, was Ihnen wichtig ist, leiten Sie Ziele ab und überprüfen, ob sie realisierbar sind. Sie entwickeln den Weg dorthin und fokussieren Ihre Handlungen auf diese Ziele. Sie lernen, wie Sie mit Ablenkungen umgehen und wie Sie am Ball bleiben, wenn unangenehme Aufgaben auf Sie zukommen. Kognitive Selbstführung basiert auf dem Wissen, wie Menschen das eigene Denken steuern können. Doch dieses Wissen allein ist „träges" Wissen. Mithilfe von kognitiven Strategien wird das Wissen im Verhalten verankert. Diese Strategien helfen Ihnen dabei:

❙ Ziele setzen (S. 54)   ❙ Willenskraft aktivieren (S. 60)

Sieben „typische" Gedanken von Menschen mit hoher kognitiver Selbstführungs-Kompetenz

❙ Ich weiß, wohin ich will.

❙ Ich schaffe es, eigene Ziele zu erreichen.

❙ Ich glaube an mich selbst.

❙ Probleme sind Herausforderungen für mich.

❙ Misserfolge sind Lernchancen.

❙ Mir fällt immer etwas Sinnvolles ein.

❙ Selbstbestimmung ist mir bei der Arbeit wichtig.

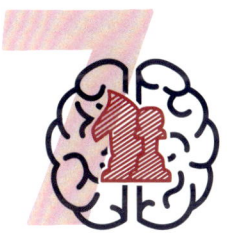

Real Life Stories

„Ich weiß eigentlich schon, wohin ich will. Bin erfolgreiche Fotografin und habe wirklich was in meinem Leben geschafft. Das Problem ist eher, dass ich so viele Sachen interessant und toll finde, dass ich häufig von einer zur nächsten Sache springe. Ich habe erkannt, dass es nicht reicht, ein Dutzend Wünsche zu haben und die mehr oder weniger inkonsequent zu verfolgen. Ich wollte zum Beispiel immer mal noch eine Zusatzausbildung machen, das habe ich seit Jahren im Kopf, doch gemacht habe ich es nicht. Also habe ich mich wirklich damit auseinandergesetzt, was ich möchte und wohin ich möchte. Ich habe meinen Kompass neu ausgerichtet. Statt zwanzig Zielen habe ich jetzt noch fünf Ziele auf meiner Liste. Die Weiterbildung habe ich zum Beispiel gestrichen, denn ich habe bemerkt, dass dieses Ziel gar nicht wirklich aktuell ist. Ich wollte es ursprünglich machen, um von Kunden professioneller wahrgenommen zu werden. Doch ich bekomme genau die Kunden, die ich möchte. Und so bin ich bei einigen Zielen vorgegangen. Für mich heißt es jetzt: Klarheit statt Wirrwarr. Die vielen Ideen richte ich jetzt nach meinen Zielen aus."

Anna, selbstständige Fotografin

Wo stehen Sie in Ihrer kognitiven Selbstführung?

Prüfen Sie Ihr Selbstführungs-Diagramm. In welchem der drei Kompetenz-Niveaus liegen Sie aktuell? Lesen Sie die Beschreibungen durch: Inwieweit finden Sie sich wieder? Prüfen Sie danach: Welche Methoden und Techniken können Ihnen helfen?

Kompetenz-Niveau	niedrig	mittel	hoch
Wie leicht fällt es Ihnen, Ziele zu erreichen?	☐ Sich eigene Ziele zu setzen und diese zu erreichen, fällt Ihnen schwer. Vermutlich haben Sie Schwierigkeiten damit, Ihre Zukunftsvorstellungen in klare Ziele zu packen. Fragen wie „Ist das wirklich wichtig für mich?" oder „Bringt dieser Wunsch mich wirklich weiter?" stellen Sie sich normalerweise nicht.	☐ Sie sind sich grundsätzlich bewusst, dass Ziele ohne präzise Zeit- und Handlungsplanung schwerer realisierbar sind. Dennoch setzen Sie Ihre Willenskraft zur Zielverfolgung nur hin und wieder in ausreichendem Umfang ein. Entsprechend fällt Ihnen die Zielerreichung mitunter unnötig schwer.	☐ Sie besitzen bereits sehr gut entwickelte Strategien, eigene Denkprozesse gezielt in eine gewünschte Richtung zu steuern und die hierfür notwendige Willenskraft zu aktivieren. Meist erreichen Sie das, was Sie sich gewünscht und vorgenommen haben.
Wie erleben Sie Erfolge und Misserfolge?	☐ Wenn sich Erfolg einstellt, betrachten Sie diesen gern und oft als abhängig von Glück und Zufall. Misserfolg sehen Sie dagegen oft als „typisch" an oder schreiben ihn ungünstigen äußeren Umständen zu.	☐ Wenn Sie etwas planen, kann es vorkommen, dass Sie sich zu Beginn der Umsetzungsphase eifrig bemühen, Ihr Ziel zu erreichen. Doch wenn sich erste Misserfolge ankündigen, wird es für Sie nicht selten schwieriger, Ihr Ziel weiterzuverfolgen.	☐ Sie verfügen über ein breites Repertoire an Strategien, um in beruflichen und privaten Anforderungen eher Chancen als Hindernisse zu sehen. Sie wissen, wie Sie mit Misserfolg konstruktiv umgehen können. Sie nutzen solche Erfahrung wie eine „Generalprobe für den Erfolg".

Haken Sie ab, was auf SIE zutrifft

Kompetenz-Niveau	niedrig	mittel	hoch
Wie erleben Sie schwierige Zeiten in Ihren Zielvorhaben?	☐ Es kostet Sie zumeist viel Energie, sich bewusst zu machen, dass Sie über genügend innere Ressourcen verfügen, um sich selbst ausreichend motivieren zu können. Ziele und Wunschvorstellungen haben eher geringe Anziehungskraft, daher können sie keine tatsächlich vorhandenen Bedürfnisse befriedigen.	☐ Ihr Enthusiasmus lässt spätestens nach, wenn Ihnen Ablenkungen attraktiver erscheinen als das, was Sie eigentlich tun wollten oder müssten. So verliert das Ziel mit der Zeit seine Attraktivität, und die Wahrscheinlichkeit einer erfolgreichen Zielrealisierung verringert sich.	☐ Sie sind in der Lage und legen großen Wert darauf, regelmäßig die Sinnhaftigkeit und Bedeutung Ihrer Ziele zu überprüfen. Wenn Sie erkennen, dass Ihre Ziele mit Ihren Bedürfnissen unvereinbar sind, passen Sie Ihre Ziele entsprechend an.
Was Ihnen helfen kann …	☐ Sie brauchen deutlich mehr Zuversicht und positivere Gedanken, damit Sie Hindernisse überwinden und Ihre angestrebten Ziele erreichen können. Nicht auszuschließen ist, dass es Ihnen oft lieber ist, alles beim Alten zu lassen. Nutzen Sie die Tipps in diesem Buch, um Ihre Denkstrategien bei der Zeit- und Handlungsplanung und bei der Aktivierung von Willenskraft zu verbessern und zu erweitern.	☐ Sie können Ihre Fähigkeiten zur kognitiven Selbstführung erweitern, indem Sie sich Techniken und Methoden aneignen, mit denen Sie den Weg zum Ziel mental simulieren und sich klarer vergegenwärtigen können. So sind Sie auch besser auf Hindernisse und Schwierigkeiten vorbereitet, die Ihnen begegnen können. Außerdem sollten Sie Ihr Ziel visualisieren: Wie wird es sein, wenn Sie es erreicht haben? Das weckt Kräfte auf dem Weg dorthin.	☐ Noch mehr würden Sie von Ihren Fähigkeiten profitieren, wenn Sie mit gut bewährten Strategien auch in neuen Situationen experimentieren, die Angemessenheit Ihrer Selbstführung reflektieren, neue Strategien erproben und sich mit diesen bisher vernachlässigte Lebensbereiche erschließen. Versuchen Sie es einmal!

Fühlen – die emotionale Selbstführungs-Kompetenz: Lassen Sie sich von positiven Emotionen beflügeln

Gefühle gehören immer dazu – ob wir das bewusst wollen oder nicht. Menschen mit emotionaler Selbstführungs-Kompetenz können die Kraft der Emotionen nutzen, um ihren Zielen mit einer positiven Gefühlshaltung zu begegnen. Positive Emotionen motivieren Menschen. Aus einer wirksamen Regulierung eigener Gefühle kann emotional-motivationale Power entstehen. Diese Kompetenz ist von Bedeutung – besonders dann, wenn Sie nicht unbedingt Lust verspüren, etwas zu tun. Motivation ist dann gegeben, wenn innere und äußere Umstände zum Handeln animieren und Sie in die Lage versetzen, eigene Ziele und Projekte in die Tat umzusetzen.

 Ziele

▎ Emotionale Blockaden und Muster erkennen.
▎ Sich als Gestalter des eigenen Lebens fühlen und selbstmotiviert handeln.
▎ Den Einfluss des Körpers auf die Emotionen wahrnehmen und regulieren.

 Gefahren

Die eigenen Emotionen möglichst stark regulieren zu wollen, ist nicht automatisch Erfolg versprechend. Es geht weder darum, die eigenen Emotionen einfach herauszulassen (Unterregulierung), noch darum, jede spontan aufkommende Emotion zu interpretieren und zu kontrollieren (Überregulierung).

 Quick-Tipps zur persönlichen Entwicklung

▎ Erhöhen Sie die eigene Selbstmotivation, indem Sie auch vorgegebene Ziele mit Ihren eigenen Bedürfnissen, Wünschen und Ansprüchen in Einklang bringen. Beispiel: „Ich habe dabei die Chance, ein neues Programm zu erlernen." (Siehe auch S. 68)
▎ Versuchen Sie, möglichst viele intrinsische und extrinsische Anreize in Aufgaben zu finden, die Ihnen schwerfallen. Denken Sie nicht nur an das Ergebnis, sondern auch, was während der Aufgabe gut ist. Beispiel: „Es fällt mir zwar schwer, mich zum Joggen aufzuraffen, doch ich finde es gut, dass ich in der Natur bin, ich selbstbestimmt …"
▎ Wenn Sie merken, dass negative Gefühle aufkommen: Stellen Sie sich offen und aufrecht hin, nehmen Sie die Schultern zurück und lächeln Sie. In einer solchen Körperhaltung ist es schwer, sich niedergeschlagen zu fühlen.

🔼 Wie Sie Ihre Kompetenz erhöhen können

In dieser Dimension befassen Sie sich mit der Art und Weise, wie Sie die Kraft der Emotionen nutzen, um Ihren Zielvorstellungen mit einer positiven Grundhaltung zu begegnen. Besonders dann, wenn Sie wenig Lust verspüren, etwas zu tun, und innerlich knapp vor dem Aufgeben sind. Beim bewussten Umgang mit Emotionen können Sie innere Blockaden schneller überwinden, sodass Sie Ihre Ziele besser und effektiver erreichen. Dabei unterstützen Sie folgende Strategien:

❙ Motivation finden (S. 66)   ❙ Emotionen regulieren (S. 72)

Sieben „typische" Gedanken von Menschen mit hoher emotionaler Selbstführungs-Kompetenz

❙ Ich lasse meine Gefühle zu.

❙ Ich weiß, wie ich meine Emotionen kontrollieren kann.

❙ Ich versuche, negative Gefühle umzudeuten.

❙ Ich weiß, was mich motiviert.

❙ Ich freue mich, wenn ich an meine Ziele denke.

❙ Ich muss meine Emotionen nicht immer zeigen.

❙ Bei Frust kann ich mich trotzdem motivieren.

Real Life Stories

„Ich habe jahrelang versucht, regelmäßig Sport zu machen. Doch ich bin immer wieder gescheitert. Ich hab' mehrfach Fitnessstudio-Gebühren über Monate bezahlt, bin nur drei Mal hin. Zu Hause stehen ein Crosstrainer, eine Hantelbank, ein Fahrrad – alles benutzt, aber eben nur vorübergehend. Ein Problem war, dass ich beruflich viel unterwegs bin und dann häufig durch Einmal-weg-Sein den kompletten Rhythmus verloren habe. Ich entschied also, dass ich einen Sport suchen musste, den ich überall machen kann. Ich entschied, zu joggen. Ich hatte überhaupt keine Lust, aber es schien mir sinnvoll. Ich buchte mir einen Personal Trainer, um die ersten Wochen zu schaffen. Das funktionierte gut, aber als er weg war, nahm er auch meine Motivation mit. Also konzentrierte ich mich nur noch auf die guten Aspekte des Joggens: Ich bin alleine, an der frischen Luft, keiner nervt mich. Ich entscheide über das Tempo. Es geht auch mal bergab. Es kostet kaum Geld … Immer wieder fokussierte ich mich beim Joggen auf positive Anreize und machte sie mir sofort bewusst, wenn ich wieder mal ein Tief erlebte. Nach etwa drei Monaten begann das Joggen mir Freude zu bereiten, weil ich so starke Motivation verspürte. Ich habe es geschafft, meine Emotionen zu drehen, und das veränderte mein ganzes Leben."

Frank, Geschäftsführer

Wo stehen Sie in Ihrer emotionalen Selbstführung?

Prüfen Sie Ihr Selbstführungs-Diagramm. In welchem der drei Kompetenz-Niveaus liegen Sie aktuell? Lesen Sie die Beschreibungen durch: Inwieweit finden Sie sich wieder? Prüfen Sie danach: Welche Methoden und Techniken können Ihnen helfen?

Kompetenz-Niveau	niedrig	mittel	hoch
Wie leicht fällt es Ihnen, Ihre Gefühle als Treibstoff zu nutzen? *Haken Sie ab, was auf SIE zutrifft*	☐ Sie haben Entwicklungsbedarf beim Ausbau der Fähigkeit, eine positive und zuversichtliche emotionale Haltung eigenen Zielen gegenüber einzunehmen und sich durch die Sache an sich motivieren zu lassen.	☐ Sie haben mit der Zeit gelernt, eigene Gefühle und Ihre Motivation ernst zu nehmen und diese bewusst zu steuern. Dennoch werden Sie ab und zu erleben, dass Ihnen Ihre Emotionen bei der Zielerreichung im Weg stehen, z. B. weil Sie sich zu schnell frustrieren lassen.	☐ Die Fähigkeit zur Steuerung und Kontrolle eigener Motivationszustände und Gefühle ist bei Ihnen bereits sehr gut entwickelt. Der Spruch „Ich kann, weil ich will, was ich muss" passt hervorragend auf Sie.
Wie emotional sind Ihre Ziele bei Ihnen verankert?	☐ Sie verfolgen Ihre Ziele, dennoch vergessen Sie oft, sich emotional positiv zu verstärken. Wenn Sie beispielsweise einen Misserfolg erleben, sind Sie häufig verunsichert oder enttäuscht. Eine Einstellung wie „Ich habe sowieso keine Kontrolle über meine Gefühle" kann diesen Prozess noch verstärken	☐ Es kommt vor, dass Sie sich mit der Realisierung Ihres angestrebten Ziels gefühlsmäßig schwertun und bei den nötigen Handlungsschritten zögern. Das kann daran liegen, dass Ihre Ziele nicht oder nicht genügend mit eigenen Bedürfnissen und Motiven abgestimmt sind.	☐ Sie können meist gute Motivation für Ihr Vorhaben entwickeln und glauben an Ihren Erfolg. In fast allem, was Sie tun, finden Sie persönlichen Sinn. Zu den Vorteilen gehört, dass sich die Zielverwirklichung gut anfühlt und dass Sie mit dem Endergebnis zufrieden sind.

Kompetenz-Niveau	niedrig	mittel	hoch
Welche Gefühle erleben Sie bei der Bewältigung von unangenehmen Aufgaben?	☐ Ihnen geht es häufig so, dass Sie negative Emotionen bei sich wahrnehmen, sich unwohl fühlen, aber nicht wissen, was Sie eigentlich konkret davon abhält, Aufgaben anzupacken und dranzubleiben.	☐ Es kann Ihnen schwerfallen, die motivierende und mobilisierende Wirkung eigener Emotionen richtig einzuschätzen. Deshalb neigen Sie dazu, bei Ihren Aufgaben an Ausdauer zu verlieren oder pessimistisch zu werden.	☐ Sie versuchen, auch unangenehme Aufgaben mit positiven und angenehmen Gefühlen zu verbinden. Das motiviert Sie und bündelt Ihre Energien bei der Zielrealisierung.
Was Ihnen helfen kann …	☐ Sie könnten und sollten versuchen, eigene Emotionen und die dahinter liegenden Bedürfnisse differenzierter wahrzunehmen. Lernen Sie, diese zu benennen, und gestalten Sie Situationen möglichst so, dass Sie mehr positive als negative Gefühle bei der Aufgabenbewältigung haben.	☐ Ihre emotionale Selbstführung könnten Sie steigern, indem Sie eine stärkere Zielbindung entwickeln und versuchen, sich mit den eigenen Zielen besser zu identifizieren. Das gelingt umso eher, je mehr diese Ziele mit den persönlichen Bedürfnissen und Motiven in Übereinstimmung gebracht werden.	☐ Ihre Gefühle und Stimmungen können Sie bewusst so einsetzen, dass diese die Handlungsausführung und das Überwinden von Widerständen erleichtern. Sie nutzen Sie auch gezielt in allen schwierigen Situationen. Wenn Sie es gut machen, wirken Ihre Emotionen zielfördernd und „pushen" Sie.

Handeln – die verhaltensbezogene Selbstführungs-Kompetenz: Verändern Sie Ihr Verhalten, wenn es darauf ankommt

Sich selbst verhaltensbezogen zu führen, bedeutet vor allem, Verhaltensweisen zu verändern, die uns an einer Zielerreichung hindern. Manche Menschen sind erfolgreicher als andere, weil sie wünschenswertes Verhalten, eingeschliffene Automatismen frühzeitig durchbrechen und sich neuen Situationen besser anpassen.

Im Laufe der Zeit entstehen Verknüpfungen zwischen Situationen, Verhaltensmustern und Konsequenzen des Verhaltens. Diese laufen schließlich fast automatisch ab und führen mitunter zu unerwünschten Verhaltensergebnissen. Durch die verhaltensbezogene Selbstführung werden solche Automatismen aufgedeckt und durchbrochen, indem neues Verhalten eingeübt wird. Sie ändern Ihre Taktik.

 Ziele

I Typische Verhaltensroutinen erkennen und deren Automatismen durchbrechen.
I Das eigene Verhalten durch alternatives Verhalten zielführend verändern.
I Das Umfeld so steuern, dass es bestmöglich zum eigenen Zielerfolg beiträgt.

 Gefahren

Jede Verhaltensänderung ist zu Teilen selbst- und fremdbestimmt. Sie kann deshalb auch eine Veränderung im Umfeld hervorrufen. Diese kann sich produktiv oder kontraproduktiv auf Ihr Ziel auswirken.

 Quick-Tipps zur persönlichen Entwicklung

I Verbessern Sie Ihre Selbstbeobachtung. Je konkreter Sie wissen, wann Ihr Verhalten nicht effektiv ist, desto leichter können Sie diesen Automatismus durchbrechen.
I Konzentrieren Sie sich auf realisierbare Verhaltensänderungen: Haben Sie Einfluss auf die Situation? Wenn nein: Ist es sinnvoll, Ihre Reaktion zu verändern? Oder ist es sinnvoll, das Umfeld so zu verändern, sodass es besser zu Ihren Bedürfnissen passt?
I Glauben Sie an den Erfolg Ihrer Verhaltensänderung! Je geringer die Erfolgserwartung, desto größer der Selbstzweifel und die Wahrscheinlichkeit, nächstes Mal wieder zuscheitern und gewünschte Verhaltensweisen nicht zeigen zu können.

⚡ Wie Sie Ihre Kompetenz erhöhen können

In dieser Dimension treten Sie aus der passiven Rolle heraus und beeinflussen Ihr Handeln und Ihr Umfeld in Eigeninitiative. Sie nutzen und gestalten die Freiräume, die Sie haben. Sie schaffen sich neue Freiräume, wo es möglich ist. Sie überprüfen regelmäßig, ob Ihre Ziele und Vorgehensweisen situativ nach wie vor angemessen sind. So managen Sie nachhaltig Ihr Verhalten und kommen effektiv an Ihr Ziel. Nutzen Sie dafür folgende Strategien:

▮ Umfeld gestalten (S. 78) ▮ Verhalten anpassen (S. 84)

Sieben „typische" Gedanken von Menschen mit hoher verhaltensbezogener Selbstführungs-Kompetenz

▮ Ich habe Einfluss auf mein Handeln.

▮ Ich weiß, wann mein Verhalten mich behindert.

▮ Ich kann mein Verhalten wirkungsvoll verändern.

▮ Ich kann Situationen durch mein Verhalten verändern.

▮ Keiner muss mich zwingen, das zu tun, was ich tue.

▮ Ich bin frei in meinem Handeln.

▮ Ich kann meine Stärken einbringen.

* *Real Life Stories*

„Ich arbeite im Vertrieb. Es gelang mir immer sehr gut, mit Kunden Kontakt aufzunehmen, Termine zu bekommen und die Kunden durch eine bedarfsgerechte Analyse mit einem Angebot zu begeistern. Das Problem war: der Abschluss. Immer wieder. Und da bringt eben die beste Analyse vorher nichts, wenn das Ende nicht passt. Ich habe verstanden, dass mein immer ähnliches Vorgehen und die Tatsache, dass ich kaum davon abweiche, an exakt dem Punkt eine Schwäche ist. Also fing ich an, zu beobachten, wie ich den Abschluss mache und wie es dagegen andere machen. Ich fing an, mich anders zu verhalten. Direkter und offensiver zu sein. Klarer. Nicht ganz so nett. Am Anfang war der Erfolg mäßig, doch nach etwa einem Monat merkte ich, dass jetzt Verbesserungen eintreten. Ich arbeite jetzt seit einem halben Jahr daran und habe meine Abschlussquote fast verdreifacht. Nur durch verändertes Verhalten in der Abschlussphase. Hätte ich niemals gedacht."

Carmen, Vertrieblerin

Wo stehen Sie in Ihrer verhaltensbezogenen Selbstführung?

Prüfen Sie Ihr Selbstführungs-Diagramm. In welchem der drei Kompetenz-Niveaus liegen Sie aktuell? Lesen Sie die Beschreibungen durch: Inwieweit finden Sie sich wieder? Prüfen Sie danach: Welche Methoden und Techniken können Ihnen helfen?

Kompetenz-Niveau	niedrig	mittel	hoch
Wie leicht fällt es Ihnen, Ihr Verhalten zu verändern?	☐ Vermutlich fällt es Ihnen schwer, Ihr Verhalten gezielt und nachhaltig zu verändern. Sie haben oft das Gefühl, in alten Verhaltensroutinen gefangen zu sein. Vielleicht kommt Ihnen ein Satz wie „Ich kann sowieso nichts ändern, es ist halt so" nur allzu vertraut vor.	☐ Sie verfügen bereits über relativ gut entwickelte Fähigkeiten, gewünschte Verhaltensänderungen herbeizuführen. Allerdings kann es Ihnen hin und wieder schwerfallen, gewünschte Verhaltensabsichten in konkrete Handlungen umzusetzen.	☐ Ihr Verhaltensmanagement ist sehr gut entwickelt. Das bedeutet: Wenn Sie sich vornehmen, ungünstige Verhaltensgewohnheiten zu durchbrechen und sich neues Verhalten anzueignen, gehen Sie systematisch vor. So erreichen Sie eine erfolgreiche Veränderung Ihrer bisherigen Gewohnheiten.
Wie erleben Sie den Einfluss durch Ihr Umfeld?	☐ Es kann sein, dass Sie sich oft als Opfer der Umstände betrachten und den Eindruck haben, sich persönlich wenig entfalten zu können. Sie besitzen vermutlich mehr Potenzial, um neue Spielräume erkennen und nutzen zu können, als Sie vielleicht von sich selbst glauben.	☐ Relativ oft nehmen Sie die Anforderungen Ihres Umfelds noch als gegeben hin. Selbst wenn Ihnen diese im Weg stehen. Es wäre in vielen Situationen hilfreich, sich mehr Klarheit darüber zu verschaffen, inwieweit die geforderten Verhaltensweisen mit Ihren eigenen Vorstellungen übereinstimmen.	☐ Sie sind in der Lage, Umfeldfaktoren, die Ihr Verhalten beeinflussen, zu beobachten und zutreffend einzuschätzen. Sie setzen eine Verhaltensänderung erst dann ein, wenn Sie möglichst alle positiven und negativen Konsequenzen genau analysiert haben, die aus alten und neuen Verhaltensweisen resultieren bzw. resultieren könnten.

Haken Sie ab, was auf SIE zutrifft

Kompetenz-Niveau	niedrig	mittel	hoch
Wie erleben Sie Ihr eigenes Verhalten in schwierigen Zeiten?	☐ Menschen mit wenig Selbstführung in dieser Dimension gelingt es selten, wirksame Wege zu finden, um sich von unerwünschten Verhaltensweisen zu befreien. Bemühungen, die für sie günstigeren Verhaltensalternativen zu initiieren, stoßen nicht nur auf äußere, sondern auch auf innere Widerstände.	☐ Sie schöpfen Ihre Möglichkeiten nur zum Teil aus, aktiv auf Situationen einzuwirken, um unerwünschtes Verhalten wirklich zu durchbrechen. Deshalb greifen Sie besonders in schwierigen Situationen eher auf Ihr gewohntes Verhalten zurück.	☐ Sie kümmern sich regelmäßig darum, Ihr Arbeits- sowie Lebensumfeld möglichst nach eigenen Vorstellungen zu gestalten und vorhandene Möglichkeiten gut auszuschöpfen. Sie erkennen in schwierigen Situationen ziemlich schnell, wo ein neues Verhalten erforderlich ist, und gehen eine Verhaltensänderung proaktiv an.
Was Ihnen helfen kann …	☐ Sie sollten lernen, mehr Eigeninitiative bei der Umsetzung von Verhaltensabsichten zu entwickeln und auf das eigene Umfeld bewusster einzuwirken. Dadurch eröffnen sich Möglichkeiten für eine bedürfnisgerechtere Gestaltung Ihres Umfelds und Ihres Verhaltens.	☐ Ihre Bemühungen um ein effektives Verhaltensmanagement könnten erfolgreicher werden, wenn Sie sich intensiver um eine aktive und selbstverantwortliche Gestaltung Ihres Umfelds kümmern. Dabei werden Sie neue Wege finden, um erwünschtes Verhalten durch eigenes Dazutun zu verstärken und unerwünschtes Verhalten zu unterdrücken.	☐ Holen Sie sich regelmäßig und effektiv Feedback von anderen Menschen, um blinde Flecken weiter zu reduzieren. So werden Sie noch mehr Situationen entdecken, in denen Sie Ihr Verhalten weiter reflektieren und erfolgreicher anpassen können. Gehen Sie mit dem Feedback selektiv um und entscheiden Sie bewusst, was Sie wirklich verändern möchten.

Energie – die vitale Selbstführungs-Kompetenz:
Betrachten und nutzen Sie Ihren Körper als Motor

Sich bei der eigenen körperlichen Vitalität selbst zu führen, bedeutet in erster Linie, bewusster mit der eigenen Physis und dem eigenen Organismus umzugehen. Die Bereiche Bewegung, Ernährung und Entspannung, die für unsere körperliche Vitalität von Bedeutung sind, haben einen direkten Einfluss auf unsere Leistungsfähigkeit und unser Wohlbefinden. Sie sind der physische Motor, wenn es darum geht, Energie und Kraft aufzubringen, um Hindernisse zu überwinden und über uns hinauszuwachsen.

Viele psychische Prozesse funktionieren nur im ausgewogenen Verhältnis mit dem Körper. Menschen mit vitaler Selbstführung sind sich bewusst, dass sie im Dialog mit dem Körper die leistungsfördernde Kraft schöpfen, um ihre Ziele erreichen zu können. Diese stellt für viele Menschen eine große Herausforderung dar, weil tief sitzende Gewohnheiten, zum Beispiel im Bereich der Ernährung, verändert werden müssen.

 Ziele

I Den eigenen Körper in Energiebalance halten, sodass Burn-out und körperliche Erschöpfungszustände verhindert werden.
I Das Bewusstsein für Bewegung, Ernährung und Entspannung steigern.
I Klarheit über den Einfluss des Körpers in Hinblick auf die eigene Zielerreichung bekommen und an der eigenen physischen Vitalität arbeiten.

 Gefahren

Die Selbstführung physischer Vitalität kann aber auch an Grenzen stoßen oder kontraproduktiv werden. Zum Beispiel, wenn Ernährung oder Bewegung ausgelebt werden. In solchen Fällen kann sich Selbstführung sogar gesundheitsgefährdend auswirken.

 Quick-Tipps zur persönlichen Entwicklung

I Versuchen Sie, in belastenden Situationen bewusst langsamer und tiefer zu atmen.
I Nutzen Sie Pausen bewegungsaktiv – möglichst an der frischen Luft – und integrieren Sie kleinere Bewegungseinheiten in den Alltag.
I Betrachten Sie Körper und Geist als Einheit, die Ihnen als solche die bestmöglichste Kraft gibt, Ihre Ziele zu erreichen.

Wie Sie Ihre Kompetenz erhöhen können

In dieser Dimension erfahren Sie, wie Sie Ihre körperlichen Ressourcen nutzen und aufbauen können, um Ziele energetisch kraftvoll verfolgen zu können. Generell fällt Selbstführung leichter, wenn Sie körperlich fit sind und auf Ihren Gesundheitszustand achten. Dabei geht es um Themen wie Bewegung, Ernährung, Schlaf und Entspannung. Ein Mehr an Vitalität bedeutet ein Mehr an Belastbarkeit, Ausdauer, physischer Präsenz und Widerstandsfähigkeit. Dabei hilft Ihnen folgende Strategie

▎ Energie managen (S. 90)

Sieben „typische" Gedanken von Menschen mit hoher vitaler Selbstführungs-Kompetenz

▎ Bewegung hilft mir, mich besser zu fühlen.

▎ Ich weiß, wie ich mich entspannen kann.

▎ Ich ernähre mich bewusst und ausgewogen.

▎ Ich achte auf genügend Schlaf, um Kraft zu tanken.

▎ Ich fühle mich fit und leistungsfähig.

▎ Ich achte auf meinen Lebensstil.

▎ Ich sehe Körper und Geist im Einklang.

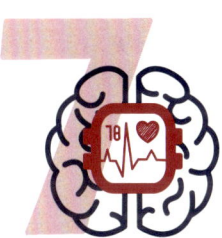

Real Life Stories

„In der Theorie weiß ich alles über Ernährung, Sport und Entspannung, was es zu wissen gibt, um es zu beachten. Es mangelt definitiv nicht daran. Doch ich beachte es nicht genug. Ich arbeite manchmal bis spät in die Nacht hinein, schlafe vier Stunden und gebe am nächsten Morgen wieder Vollgas. Ich kaufe mir meist ein Mittagessen unterwegs und achte dabei mehr auf Geschmack und Preis als darauf, dass es mir guttut. Von Sport gar nicht zu reden. Ich dachte immer: Ist doch kein Problem, ich bin trotzdem extrem erfolgreich. Ich konzentriere mich auf den Rest. Doch ich habe verstanden, dass es langfristig für alles andere entscheidend ist. Wenn mir Schlaf fehlt, habe ich schneller Motivationslöcher. Wenn ich zu viel Fast Food esse, kann ich nur viel schwerer konzentriert an einem Projekt arbeiten, und wenn ich keine Zeiten zum Entspannen habe, wird aus der ständigen Anspannung irgendwann Überspannung. Mein erster Schritt war, mir erst mal bewusst zu machen, was ich in den drei Bereichen überhaupt mache. Und jetzt verändere ich es Schritt für Schritt. Meine erste Maßnahme war: Einführung von acht Stunden Schlaf. Und ich merke schon: Es verändert meinen Alltag viel stärker, als mir bewusst war."

Max, Marketing-Manager

Wo stehen Sie in Ihrer vitalen Selbstführung?

Prüfen Sie Ihr Selbstführungs-Diagramm. In welchem der drei Kompetenz-Niveaus liegen Sie aktuell? Lesen Sie die Beschreibungen durch: Inwieweit finden Sie sich wieder? Prüfen Sie danach: Welche Methoden und Techniken können Ihnen helfen?

Kompetenz-Niveau	niedrig	mittel	hoch
Wie leicht fällt es Ihnen, Ihre Vitalität aufrechtzuerhalten?	☐ Vermutlich gehören Sie zu den Menschen, denen es oft schwerfällt, acht oder gar zwölf Stunden hintereinander konzentriert zu arbeiten. Sie fühlen sich nach einiger Zeit ausgelaugt, sind nach den Pausen wenig erholt und verstehen kaum, wie andere Menschen eine stark beanspruchende Tätigkeit durchstehen können.	☐ Menschen wie Sie, die ein mittleres Kompetenz-Niveau besitzen, achten auf eigene Befindlichkeiten und wissen, dass es wichtig ist, die körperlichen Voraussetzungen zu schaffen, um dauerhaft leistungsfähig zu sein und zu bleiben.	☐ Sie leben bewusst nach dem Motto „Bewegung, gesunde Ernährung und Entspannung helfen mir, mich leistungsfähiger zu fühlen". Sie wissen, dass Körper und Geist erst dann ihre Potenziale richtig entfalten können, wenn beide in einem ausgewogenen Verhältnis zueinander stehen.
Wie erleben Sie vitale Selbstführung im Alltag?	☐ Sie starten wahrscheinlich schon müde und zerschlagen in den Tag und können sich nicht erklären, weshalb der Schlaf so wenig erholsam gewesen ist. Sie fühlen sich selten richtig fit, sind aber auch kaum in der Lage oder motiviert, Sport zu betreiben. Es fällt Ihnen schwer, sich dazu aufzuraffen.	☐ Es fällt Ihnen hin und wieder schwer, ein ausgewogenes Verhältnis zwischen Körper und Geist zu finden. Wenn z. B. schlechte Luftqualität Ihre Konzentration stört, nutzen auch effektive Willensstrategien nur bedingt zur selbstgesteuerten Problemlösung.	☐ Körperliche Bewegung, Entspannungstechniken und gesunde Ernährung sind für Sie wichtige Themen. Sie praktizieren sie im ausgewogenen Verhältnis. Positive Leistungseffekte nehmen Sie dabei deutlich wahr.

Haken Sie ab, was auf SIE zutrifft

Kompetenz-Niveau	niedrig	mittel	hoch
Wie erleben Sie Ihren Energiehaushalt in schwierigen Zeiten?	☐ Sie konzentrieren sich in belastenden Situationen wenig auf Ihren Körper. Die geistige Fitness und Ihre Fähigkeiten zu mehr Selbstführung würden steigen, wenn Sie sich mehr um die Energiebilanz Ihres Organismus kümmern.	☐ Vielleicht spielt gesunde Ernährung für Sie eine gewisse Rolle. Vielleicht scheitern Sie trotzdem in Situationen, in denen Sie sich für eine vitalstoffreiche Mahlzeit entscheiden könnten. Sie sind dann enttäuscht, dass es Ihnen nicht gelungen ist, Ihr Vorhaben durchzuziehen.	☐ Sie wissen, dass es besonders in belastenden Situationen darauf ankommt, bewusst mit Ihrem Körper umzugehen und darauf zu achten, dass Sie ihn nicht überfordern – aber auch nicht unterfordern. Das steigert und erhält Ihre Leistungsfähigkeit.
Was Ihnen helfen kann ...	☐ Arbeiten Sie bewusster an folgenden drei Punkten körperlicher Vitalität und Fitness: 1. eine bessere Sauerstoffversorgung des Körpers, 2. mehr körperliche Bewegung und 3. Anreicherung der Ernährung mit Vitalstoffen.	☐ Verbessern Sie Ihre eigene Vitalität und Fitness, indem Sie lernen, die Warnsignale, die Ihr Körper Ihnen sendet, bewusster wahrzunehmen. Investieren Sie mehr Zeit, sich um Ihr eigenes Wohlbefinden zu kümmern und die Balance zwischen physischen und psychischen Bedürfnissen zu finden.	☐ Achten Sie weiterhin kontinuierlich und bewusst auf Ihren Körper und wenden Sie Strategien an, die Ihre physische Vitalität verbessern. Auch mentale, emotionale und verhaltensbezogene Selbstführung fällt leichter, wenn man körperlich fit und leistungsfähig ist.

Aktion: Reflektieren Sie diese fünf Fragen für sich

Nachdem Sie die vier Wege der Selbstführung kennengelernt haben und Ihre eigene Selbstführungs-Kompetenz ermittelt haben, nehmen Sie sich einen Moment Zeit, um über das Gelesene und neu Erfahrene nachzudenken. Im Anschluss wollen wir in die praktische Anwendung einsteigen.

1. Welche Dimension der Selbstführung nutzen Sie aktuell am meisten?

☐ **Denken**	☐ **Fühlen**
☐ **Energie**	☐ **Handeln**

2. Welche Dimension der Selbstführung nutzen Sie am wenigsten?

☐ **Denken**	☐ **Fühlen**
☐ **Energie**	☐ **Handeln**

3. Wo sehen Sie Ihre größten Stolperfallen in der Selbstführung?

4. Was genau macht derzeit Ihre Stärke in der Selbstführung aus?

5. Was haben Sie entdeckt, das Sie an Ihrer Selbstführungs-Kompetenz ändern möchten?

Aktion: Wissenstest – welche Dimension wird beschrieben?

1. Lesen Sie die Aussagen: Es wird das Verhalten einer Person beschrieben.

2. Kategorisieren Sie das Verhalten: Weisen Sie die verschiedenen Verhaltensweisen je einer der vier Dimensionen der Selbstführung zu. Schreiben Sie in das freie Kästchen neben dem Verhalten den entsprechenden Buchstaben.

3. Lösen Sie das Ergebnis auf: Rubbeln Sie mit einer Münze die Lösung in der rechten Spalte frei.

4. Ermitteln Sie Ihren SQ (Selbstführungs-Quotienten): Geben Sie sich für jede richtige Antwort einen Punkt und schreiben Sie die Summe in das Summenkästchen.

D = Denken, **F** = Fühlen, **H** = Handeln, **E** = Energie ➔	Ihre Zuweisung	Rubbeln Sie hier mit einer Münze die Lösung frei
01. Kann fast allen Aufgaben etwas Positives abgewinnen.		
02. Achtet auf einen bewussten Lebensstil.		
03. Kann Situationen im Alltag selbstständig verändern.		
04. Kennt die eigenen Ziele.		
05. Weiß genau, woher sie die Motivation ziehen kann.		
06. Kann das eigene Verhalten an verschiedene Situationen anpassen.		
07. Achtet auf genügend Schlaf, um Kraft zu tanken.		
08. Weiß, wie sie sich entspannen kann.		
09. Sieht Probleme als Herausforderung.		
10. Sieht die Verantwortlichkeit für das eigene Handeln nur bei sich.		
11. Erkennt schnell, wenn zwei Ziele sich im Weg stehen.		
12. Hat genügend Energie, um sich in entscheidenden Situationen auf wichtige Aufgaben zu konzentrieren.		
13. Kann die eigenen Emotionen so beeinflussen, dass sie sich positiv auswirken.		
14. Lässt sich durch negative Gefühle nicht vom Ziel ablenken.		
15. Versucht durch Reflexion und Feedback immer mehr blinde Flecken im eigenen Verhalten zu erkennen.		
16. Kann vorgegebene Ziele zu ihren eigenen machen.		
Ihr persönlicher „SQ" von maximal 16 Punkten – Summe:		

Auswertung:
☐ 0–7 Punkte: Lesen Sie das Kapitel noch einmal.
☐ 8–12 Punkte: Gut, Sie haben die Grundlagen des Selbstführungs-Modells verstanden.
☐ 13–16 Punkte: Spitze! Sie sind schon ein Profi in Sachen Selbstführungs-Know-how.

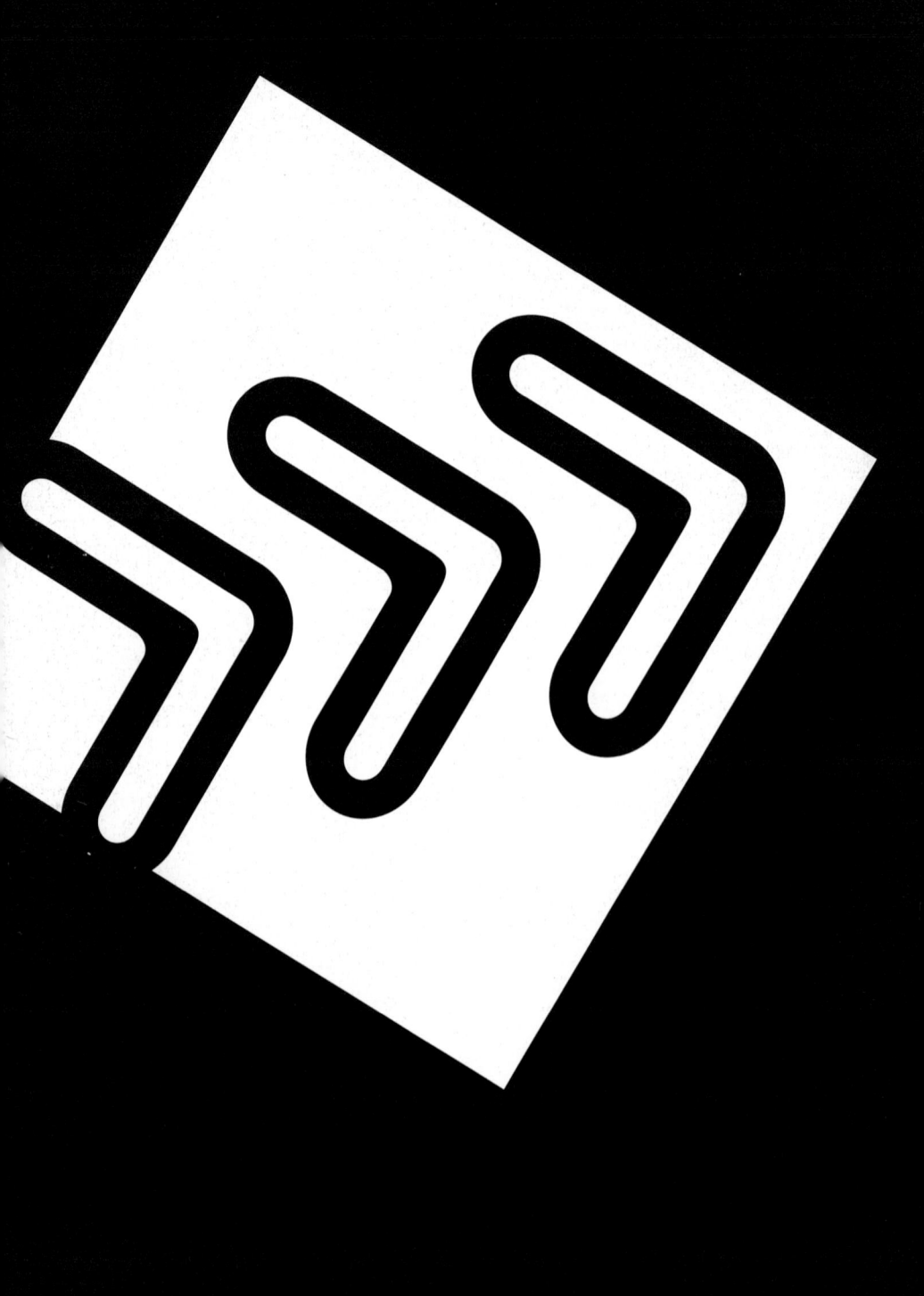

Wie Sie die 4 Wege zu mehr Selbstführung gehen

4 Wege, mit denen Sie Ihre Ziele erreichen

In diesem Kapitel finden Sie Strategien, Methoden und Techniken für die 4 Wege zu mehr Selbstführung. Wir stellen Ihnen jeweils für Denken, Fühlen, Handeln und Energie Ideen vor, mit denen Sie besser und schneller Ihre Ziele erreichen. Wählen Sie genau die Tipps aus, die für Sie passend sind und probieren Sie aus, welcher Weg für Sie passend ist. Im Anschluss finden Sie für verschiedene berufliche und private Lebensbereiche konkrete Tipps für die 4 Wege.

Selbstführung mit anderen

Die Denken-Strategie: Ziele setzen

Ziele sind Zukunftsvorstellungen, die für uns wichtig sind. Sie leiten unser Denken und Handeln und lösen unsere innere Bereitschaft aus, Mühen auf uns zu nehmen und Hindernisse zu überwinden. Doch nicht jede Vorstellung entspricht einem Ziel.

Sie befinden sich gerade an einem bestimmten Ort, an dem Sie dieses Buch lesen. Wie sind Sie dorthin gekommen? Sie haben sich irgendwann das Ziel gesetzt, dorthin zu kommen. Wenn Sie am Bahnhof in ein Taxi steigen und sagen „Fahren Sie mich bitte irgendwohin", ist die Wahrscheinlichkeit relativ gering, dass Sie überhaupt losfahren werden oder, wenn doch, an einem der Orte ankommen, an dem Sie gern mal wären. Ob Sie den direkten Weg nehmen oder einen Umweg fahren, all das spielt nur sekundär eine Rolle. Erst mal ist wichtig, dass überhaupt klar ist, wohin Sie wollen.

Wie schätzen Sie Ihre aktuelle Kompetenz ein, sich Ziele zu setzen?

Lesen Sie die Beschreibungen der drei Kompetenz-Niveaus durch und kreuzen Sie an, wie Sie sich einschätzen. Eine Orientierung gibt Ihnen Ihr Testergebnis von Seite 29.

Wo stehen Sie?	Kompetenz-Niveau	Daran erkennen Sie das Niveau Ihrer Kompetenz, sich Ziele zu setzen.
☐	niedrig	Sie tun sich schwer, wichtige Ziele für sich zu erkennen; leben eher in den Tag hinein, ohne sich zu fragen, wozu überhaupt; neigen bei der Zielsetzung dazu, Misserfolg zu vermeiden; kennen eigene Bedürfnisse nicht gut genug, um eine starke Zielbindung zu entwickeln; arbeiten selten mit inneren Bildern und selbstmotivierenden Worten.
☐	mittel	Sie neigen dazu, Ziele von Motiven und Bedürfnissen abzuleiten; können Handlungen und Zeitabläufe für eine Zielumsetzung planen; verzetteln sich jedoch öfter in einzelnen Handlungsschritten und verlieren so langfristige Ziele aus den Augen; achten nicht besonders darauf, sich möglichst herausfordernde, gleichzeitig jedoch realistische Ziele zu setzen.
☐	hoch	Sie haben eine gute innere Transparenz über eigene berufs- und lebensrelevante Motive, Wünsche und Fähigkeiten; wissen, worauf es bei der Entscheidung für schwierige Ziele ankommt; streben danach, motivierende Ziele für sich zu finden; setzen eigene Vorhaben systematisch um; schrecken meist nicht vor Problemen und möglichen Frustrationen zurück.

Es gibt immer das große Ziel

Die Lebensziele verschiedener Menschen weichen voneinander ab. Während der eine von Kindesbeinen an weiß, dass er Profisportler werden möchte, fällt es anderen auch mit 30 oder 40 noch schwer, ein übergeordnetes Ziel zu definieren. Tatsächlich geht es dem Großteil der Menschen so. Doch es lohnt sich, sich Zeit zu nehmen und darüber nachzudenken, denn Ihr großes Ziel ist die Richtung, die Sie einschlagen. Wie ein Kompass steht es über all Ihren Entscheidungen und Handlungen.

Oft wissen wir selbst (noch) nicht, was wir wollen

Menschen handeln erfolgreich, wenn sie in der Lage sind, auch in schwierigen Situationen entsprechend ihrer Motive und Interessen sowie unter Berücksichtigung aller äußeren Bedingungen persönlich wichtige Ziele zu finden – und diese so zu formulieren, dass sie auch verwirklicht werden können. Nicht immer gelingt es uns, alle Kriterien einer erfolgreichen Zielsetzung zu berücksichtigen. Wir wissen mitunter selbst nicht, was wir wollen. In diesem Fall ist Intuition gefragt. Hier berühren sich oft unbewusste Motive und eigene Potenziale und die Intuition sagt: „Das will ich."

Richtige Priorisierung sichert das Erreichen unserer Lebensziele

Menschen haben manchmal widersprüchliche Ziele. Einerseits möchten sie gern weniger arbeiten, andererseits möchten sie befördert werden. Das kann – muss aber nicht – ein Widerspruch sein. Zielkonflikte dieser Art können Sie vermeiden, indem Sie Ihre Ziele regelmäßig auf ihre Aktualität und Sinnhaftigkeit überprüfen und entsprechend neu priorisieren. Besonders heute, in unserer sich schnell verändernden Arbeitswelt, ist es kaum mehr möglich, Prioritäten einmalig zu setzen und dann nicht mehr anzupassen. Hinterfragen Sie daher regelmäßig „Was bringt Sie wirklich weiter zu dem, was Ihnen wichtig ist?"

Ziele können sich verändern

Wenn Sie zum Beispiel feststellen, dass Sie die Weiterbildung fast doppelt so schnell zu Ende bringen können, wie Sie dachten – passen Sie Ihr Ziel an! Denn das bedeutet, dass Ihre Zielsetzung zu ungenau gewesen ist. Betrachten Sie Ziele nicht als statisch und unveränderlich, sondern als etwas Lebendiges, das sich mit Ihnen gemeinsam entwickelt.

Die fünf entscheidenden Faktoren für die Erfolg versprechende Zielsetzung

1. Schwierigkeit des Ziels: Das Ziel sollte realistisch und erreichbar sein

Setzen Sie sich anspruchsvolle, gleichzeitig aber auch realistische Ziele. Wenn Sie sich als ungeübter Sportler vornehmen, in 30 Tagen einen Marathon zu laufen, wird das nur schwer möglich sein. Doch wenn Sie sich fürs Training ein Jahr Zeit lassen und angemessene Zwischenziele setzen – zum Beispiel zuerst einen 10-Kilometer-Lauf, dann vielleicht einen Halbmarathon –, ist es gar nicht mehr so unrealistisch.

- **I** Realistisch bedeutet: „Ich nehme mir etwas vor, das ich nur schaffe, wenn ich mich richtig anstrenge."
- **I** Zu niedrig bedeutet: „Ich nehme mir etwas vor, von dem ich weiß, dass ich es relativ leicht und sicher schaffen kann."
- **I** Zu hoch bedeutet: „Ich nehme mir etwas vor, von dem ich weiß, dass es ziemlich schwierig ist. Es wäre deshalb auch nicht allzu schlimm, wenn ich es nicht erreichen würde."

Es gibt einen Zusammenhang zwischen dem individuellen Anspruchsniveau und dem Selbstbild einer Person. Sich häufig zu hohe oder zu niedrige Ziele zu setzen, spricht für ein Selbstkonzept, bei dem Furcht vor Erfolg oder Misserfolg das Handeln bestimmt.

2. Zielakzeptanz: Zu welchem Grad sehen Sie das Ziel als *Ihres*?

Sie empfinden das Ziel voll und ganz als Ihr eigenes. Auch wenn es vorgegeben sein mag, haben Sie es zu Ihrem Ziel machen können. Daraus folgt: Sie haben positive Gefühle, wenn Sie die Formulierung Ihres Zieles lesen. Ein Ziel, bei dem Sie jetzt schon denken, dass das alles nur stressig oder anstrengend wird, hat hingegen wenig Chancen, von Ihnen mit Freude verfolgt und erfolgreich realisiert zu werden. Justieren Sie so lange nach, bis Sie sich emotional gut mit der Formulierung anfreunden können. So lange, bis Sie daran glauben, dass Sie die notwendige Kompetenz und die Ressourcen haben, das Ziel zu erreichen.

3. Zielbindung: Wie sehr sind Sie persönlich an Ihrem Ziel interessiert?

Sind Sie nur bereit, etwas für das Ziel zu investieren. Oder sind Sie wirklich bereit, sich selbst voll einzubringen? Denn darum geht es letztendlich. Inwieweit sind Sie bereit, sich persönlich mit dem Ziel zu identifizieren? Im Idealfall gilt: Das Ziel enthält Ihre Motivation oder Ihr Lebensziel. Zum Beispiel: „Ich möchte mich bis zum

1. Januar selbstständig machen, weil ich unabhängig entscheiden möchte, was ich tue". Das ist wirkungsvoller als: „ … weil ich so mehr Geld verdienen kann."

4. Zielbestimmung: Das Ziel sollte exakt bestimmt sein

Nutzen Sie die Kraft der Formulierungen: Das Ziel sollte als Annäherungsziel formuliert werden, nicht als Vermeidungsziel. Menschen denken häufig daran, was Sie nicht mehr machen möchten (z. B. weniger Süßigkeiten essen, nicht mehr so viele Überstunden machen). Solche Vermeidungsziele bewirken jedoch, dass man nur noch öfter an das denkt, was man eigentlich vermeiden möchte. Betonen Sie stattdessen den gewünschten Endzustand mit einem Annäherungsziel (z. B. um 17 Uhr ist Feierabend). Damit erhöhen Sie Ihre Anstrengungsbereitschaft.

Mit Annäherungszielen fokussieren Sie den Endzustand

5. Zielvisualisierung: Gute Ziele sind bildhaft

Ein gutes Ziel ist wie der Konstruktionsplan eines Architekten – man kann im Geiste schon durch das Haus gehen, obwohl es noch nicht gebaut worden ist. Ein Ziel wie „Wir machen im nächsten Jahr zwei Prozent mehr Umsatz im Bereich X" ist klar und präzise, es entfaltet aber für sich genommen noch keine motivierende Kraft. Diese entsteht, wenn ein verlockendes Bild eingebaut ist. Zum Beispiel „Wir machen im nächsten Jahr zwei Prozent mehr Umsatz im Bereich X, damit wir einen neuen Kollegen im Team begrüßen können."

Aktion: Reflektieren Sie Ihre Kompetenz, sich selbst Ziele zu setzen

Wie klar sind Sie sich über Ihre aktuellen Ziele?

Unklar   Sehr klar

Wie viele Ihrer Ziele empfinden Sie als Ihre eigenen?

Eigene: _____ %   Fremde/vorgegebene: _____ %

Welche Schwierigkeiten erleben Sie im Alltag regelmäßig?

☐ Ich bin mir nicht klar genug über meine Ziele.

☐ Ich will zu viel auf einmal.

☐ Ich weiß nicht, wo ich anfangen soll.

☐ Meine Ziele widersprechen sich zum Teil.

☐ Meine Ziele passen nicht zu meinen Bedürfnissen.

☐ Meine Ziele sind negativ formuliert.

☐ Meine Ziele sind eigentlich gar nicht attraktiv für mich.

Weitere Schwierigkeiten:

Was sind die wichtigsten Erkenntnisse für Sie aus dieser Strategie?

Was wollen Sie verändern?

Zusammenfassung der Strategie „Ziele setzen"

➔ Mit dieser Strategie verbessern Sie Ihre kognitive Selbstführung:

❙ Sie finden heraus, was Sie wirklich wollen.

❙ Sie erkennen frühzeitig Zielkonflikte und wirken diesen rechtzeitig entgegen.

❙ Sie können vorgegebene Ziele zu Ihren eigenen machen.

 Effektivitätstipps:

❙ Finden und formulieren Sie Ziele entsprechend Ihrer eigenen Motive, Wünsche und Bedürfnisse – bei vorgegebenen Zielen bringen Sie diese mit Ihren eigenen in Einklang.

❙ Je klarer Sie die Ziele definieren und visualisieren, desto mehr strengen Sie sich an und desto wahrscheinlicher ist der Erfolg.

❙ Zwischenziele erhöhen die Erfolgswahrscheinlichkeit. Sie geben uns regelmäßige Rückmeldungen über das Ergebnis bisheriger Bemühungen und steigern so die Selbstmotivation. Achten Sie deshalb auf genügend Zwischenziele.

❙ Je mehr wir ein Ziel als unser eigenes empfinden, desto mehr Bindung empfinden wir gegenüber dem Ziel und desto mehr spornt es uns zu höheren Leistungen an. Achten Sie darauf, dass jedes Ziel, das Sie verfolgen, wirklich Ihr eigenes ist.

❙ Je mehr wir an unsere eigene Kompetenz, etwas zu schaffen, glauben (Selbstwirksamkeitserwartung), desto wahrscheinlicher ist der Erfolg. Prüfen Sie also immer: Glaube ich wirklich daran, dass ich das schaffen kann?

Daran können Sie Ihre Kompetenz-Steigerung erkennen:

☐ Sie wissen, welche Ziele Sie aktuell mit welcher Priorität verfolgen.

☐ Sie haben eine klare und bildhafte Zielvorstellung, von der Sie sich antreiben lassen.

☐ Sie trauen sich anspruchsvollere Ziele zu und gehen eher das Risiko ein, sich für oder gegen ein Ziel zu entscheiden.

☐ Sie erkennen, welche Ziele Sie blockieren und versuchen, Ihren Zielkonflikten auf den Grund zu gehen.

☐ Sie haben ein inneres Frühwarnsystem entwickelt und reagieren, sobald Ihre Ziele an Aktualität verlieren oder Sie blockieren.

Die Denken-Strategie: Willenskraft aktivieren

Ziele zu verfolgen ist meistens mit Mühe und Anstrengung verbunden. Sie entscheiden sich für ein Ziel, doch dann kommt schnell ein Gefühl der Frustration auf, zum Beispiel „Es geht nicht schnell genug" oder „Ich hab schon wieder nicht …". So werden scheinbar unspektakuläre Projekte wochenlang aufgeschoben. An dieser Stelle kommt die Strategie „Willenskraft aktivieren" ins Spiel. Sie unterstützt Sie dabei, schwierige Momente zu überwinden und wieder zielgerichtet zu handeln.

Wie schätzen Sie Ihre aktuelle Kompetenz ein, Willenskraft zu aktivieren?
Lesen Sie die Beschreibungen der drei Kompetenz-Niveaus durch und kreuzen Sie an, wie Sie sich aktuell einschätzen. Eine Orientierungshilfe gibt Ihnen Ihr Testergebnis von Seite 29.

Wo stehen Sie?	Kompetenz-Niveau	Daran erkennen Sie das Niveau Ihrer Kompetenz, Willenskraft zu aktivieren
☐	niedrig	Sie können bei plötzlich auftretender Unlust oder Ablenkung schlecht gegensteuern; neigen dazu, Zielvorhaben vorschnell aufzugeben oder zu verschieben; kommen selten dazu, eigene Denkmuster kritisch zu hinterfragen; bekräftigen fremde Aufgaben selten mit Erfolgsgedanken; spielen die „Route zum Ziel" im Kopf selten bildhaft durch.
☐	mittel	Sie können mit inneren Widerständen oder äußeren Hindernissen meist recht gut umgehen; können hin und wieder, intuitiv oder aus der Erfahrung heraus, störende Gedanken und Impulse von außen frühzeitig analysieren, unterdrücken oder ausblenden, bevor diese überhandnehmen und zielorientierte Aktivitäten blockieren.
☐	hoch	Sie können äußeren und inneren Verlockungen und Barrieren auf dem Weg zur Zielerreichung widerstehen; sind in der Lage, eigene Ziele konsequent und nachdrücklich zu verfolgen und diese in konkrete Schritte umzusetzen; lassen sich von kurzfristig attraktiv erscheinenden Ablenkungen nicht vom Kurs abbringen.

Mögliche Ursachen für zu wenig Willenskraft

Dass Sie wissen, was Sie tun müssten, um das Ziel zu erreichen, reicht allein nicht aus. Wir scheitern selten an zu wenig Wissen, sondern vielmehr an zu wenig Willen, zielgerichtetes Handeln zu initiieren, auszuführen und aufrechtzuerhalten.

Insbesondere dann, wenn die innere Stimme sagt: „Nein, darauf habe ich jetzt keine Lust", oder „Eigentlich würde ich jetzt viel lieber …" Wenn die Willenskraft nicht ausreicht, kann das unterschiedliche Ursachen haben:

▮ Das Ziel ist zu weit von den eigenen Bedürfnissen entfernt. Die Willenskraft reicht nicht aus, um die inneren Widerstände zu überwinden.

▮ Sie bemerken, dass Sie zu wenig Ressourcen besitzen, um das Ziel zu erreichen. Justieren Sie in diesem Fall Ziel oder Ressourcen nach.

▮ Es fehlt Ihnen generell an Willenskraft und Sie laufen Gefahr, sich von anderen Dingen ablenken zu lassen oder sich für etwas anderes zu entscheiden.

Willentliche Herausforderungen: Wir wollen zwei konträre Dinge gleichzeitig

Wenn es an Willenskraft fehlt, kann es zu inneren Konflikten kommen. Ein Beispiel: Sie haben entschieden, Sie ernähren sich jetzt gesund. Doch es gibt etwas in Ihnen, das gegensätzliche Ziele hat. Ein Teil von Ihnen will Schokoriegel essen, weil diese so lecker schmecken. Der andere Teil denkt daran, dass Sie sich eigentlich gesund ernähren wollen oder dass die Bikini-Saison bald anfängt und Sie gut aussehen möchten. Es gibt also einerseits etwas, das Sie wollen – nämlich gesund sein und fit aussehen. Der Teil, der das will, ist Ihr langfristig denkendes, vernünftiges Ich. Und es gibt andererseits etwas in Ihnen, dem das egal ist, weil es den Schokoriegel möchte – Ihr kurzfristig ausgerichtetes und dopaminigesteuertes Ich. Beide Ichs sind im Kampf. Was besser wäre, mag uns klar sein. Doch manchmal ist es schwierig, das umzusetzen. Jetzt geht es darum, Willenskräfte zu aktivieren.

Die Kunst: Den Herausforderungen zielführend begegnen

Sie können durch einfache Änderungen erreichen, dass Sie die Herausforderungen meistern. Stellen Sie sich vor, Sie haben sich vorgenommen, heute Ihr Projekt abzuschließen, aber Sie verbringen den Morgen mit Surfen im Internet, weil das Ich gewonnen hat, das einfach keine Lust hat. Jetzt fühlen Sie sich schuldig und bereuen es, dass Sie den Morgen nicht anders genutzt haben. Forschungsergebnisse zeigen: Jedes Mal, wenn Sie eine Willensherausforderung verlieren und hart zu sich selbst sind, erhöht sich die Wahrscheinlichkeit, dass Sie am gleichen Punkt noch einmal scheitern. Und dass das nächste Scheitern größer und unangenehmer sein wird als das vorherige. Aus Schuldgefühlen entsteht Stress. Und das menschliche Gehirn ist unter Stress anfälliger für kurzfristige Belohnungen. Dann denken Sie nicht mehr an die langfristigen Ziele. Daher ist es besser, „sanft" zu sich selbst zu sein.

Die vier entscheidenden Faktoren für eine Erfolg versprechende Willensaktivierung

Um Ihre Willenskraft zu aktivieren, sollten Sie die Voraussetzungen dafür optimieren. Dies ist im ersten Schritt ein kognitiver Prozess. Die Fokussierung der Gedanken auf ein Ziel muss stark genug sein, um andere Wünsche und Bedürfnisse auszublenden.

1. Überprüfen Sie den Grad der Zielbindung

In der Strategie „Ziele setzen" haben Sie erfahren, dass eine hohe Zielbindung Voraussetzung für ein motivierendes Ziel ist. Wenn Sie trotzdem immer wieder an Unlust oder Ablenkung scheitern, könnte es sein, dass Ihre Zielbindung nicht stark genug ist. Überlegen Sie, ob das Ziel wirklich wichtig für Sie ist. Verändern Sie gegebenenfalls noch einmal die Zielformulierung.

Erfolgreiche Handlungen brauchen klare Entscheidungen: Machen Sie eine Art „Entscheidungsbilanz", indem Sie die Situation und Handlungsalternativen möglichst unvoreingenommen betrachten. Würden Sie sich immer noch für das Ziel entscheiden? Für den gewählten Weg? Versuchen Sie, mit Einfallsreichtum, Perspektivenwechsel und Flexibilität ans Werk zu gehen.

2. Optimieren Sie Ihre bewussten Vorsätze

Wenn Menschen einen klaren Plan haben, können sie sich besser gegen Ablenkungen von außen wappnen. Je klarer die eigenen Absichten, desto weniger Störfeuer von innen und außen. Überlegen Sie, was Sie tun können, um Ihr Ziel zu erreichen. Sind Sie bereit, diese Schritte zu gehen? Wenn nein, suchen Sie nach alternativen Schritten. Es gibt nicht nur einen Weg zum Ziel. Bewusste Vorsatzbildung konzentriert die Willenskräfte, da sie innere Bindungen an die Umsetzung erhöht.

Vorsätze spezifisch und konkret formulieren: Stellen Sie sich zwei Boxer im Ring vor. Sie stehen in der Ringpause in den unterschiedlichen Ecken. Ein Trainer verdeutlicht die Kampfsituation, erklärt, welche Kombinationen wann und wie geschlagen werden sollen. In der anderen Ecke herrscht Schweigen – bis der Trainer schließlich sagt: „Hau ihn um!" Können Sie sich vorstellen, welchem Boxer nun klarer ist, was er tun kann, um den Gegner zu besiegen? Wenn Vorsätze in die Tat umgesetzt werden können, dann wird Willenskraft aktiviert.

3. Stärken Sie Ihre Handlungsorientierung

Menschen sind handlungsorientiert, wenn sie ihre Absichten trotz störender Gedanken in die Tat umsetzen können. Sie kümmern sich um die konsequente Realisierung ihres Ziels.

Mentales Probehandeln klärt den Weg zum Ziel und stärkt die Willenskraft: Verlockende Alternativen finden sich häufig dann, wenn die nächsten Handlungsschritte noch nicht hinreichend klar sind. Stellen Sie sich den Weg zum Ziel gedanklich vor. Visualisieren Sie ihn mental und machen Sie sich die Teilschritte bewusst. Wiederholen Sie den Gedankengang mehrfach. Machen Sie sich klar, dass vielleicht nicht alles klappen wird, und überlegen Sie von vornherein, wie Sie mit Schwierigkeiten umgehen werden.

4. Willenskraft ist eine begrenzte Ressource

Menschen verfügen nicht über unbegrenzte Willenskraft. Es ist eine endliche und oft relativ schnell erschöpfte Ressource. Darum sollten die Methoden zur Verstärkung der Willenskraft mit Bedacht angewendet werden. Nutzen Sie sie speziell dann, wenn es darauf ankommt, also dann, wenn Sie Barrieren überwinden müssen, die entscheidend für die Realisierung Ihres Zieles sind. Zu viel Willenskraftaktivierung kann die Gefahr bergen, dass man immer neue Dinge anfängt, aber wenig zu Ende bringt. Es kommt auf die richtige Dosis an, um langfristige Ziele zu erreichen.

Machen Sie heute den ersten Schritt:

Häufig schieben wir ein Vorhaben lange vor uns her, weil es uns wie ein unüberwindbarer Berg vorkommt und unsere Willenskraft nicht ausreicht, um überhaupt damit zu beginnen. Solche Startschwierigkeiten lassen sich überwinden, wenn Sie das Vorhaben in kleine Schritte unterteilen und sofort mit dem ersten Schritt beginnen. Denn einen Schritt können Sie immer schaffen. Dafür reicht Ihre Willenskraft aus. Wählen Sie also einen Schritt, mit dem Sie heute noch beginnen können.

Aktion: Reflektieren Sie Ihre Kompetenz, Willenskraft zu aktivieren

Wie voll ist Ihr Willenskraft-Akku aktuell?

Akku leer .... Akku voll

Welche Schwierigkeiten erleben Sie im Alltag regelmäßig?

- ☐ Ich gebe vorschnell auf.
- ☐ Ich lasse mich leicht ablenken, wenn etwas Verlockenderes kommt.
- ☐ Ich zögere, wenn unangenehme Aufgaben anstehen.
- ☐ Häufig gelingt es mir nicht, meinen inneren Schweinehund zu überwinden.
- ☐ Ich kann bei plötzlich auftretender Unlust schlecht gegensteuern.
- ☐ Wenn ich an vorgegebenen Zielen arbeite, tue ich dies oft ungern.
- ☐ Ich weiß häufig nicht, wie genau der Weg zum Ziel aussehen kann.
- ☐ Wichtige Vorhaben schiebe ich mitunter vor mir her, bis es fast zu spät ist.

In welchen Situationen genau verlieren Sie die Willenskraft?

Tipp: Verurteilen Sie sich nicht in einer solchen Situation, sondern gehen Sie wertschätzend und positiv mit sich selbst um. Die Stanford-Psychologin Kelly McGonigal empfiehlt das folgende 3-Punkte-Programm:

1. ACHTSAMKEIT Werden Sie sich der eigenen Emotionen und Gedanken bewusst („Ich ärgere mich grade maßlos, weil …").

2. MENSCHLICHKEIT Gehen Sie menschlich mit sich um. Wir denken immer, dass mit uns etwas nicht stimmt, dass nur wir es nicht schaffen. Das ist nicht so, sondern es geht vielen anderen Menschen ebenso. Diese Situationen sind Teil eines Veränderungsprozesses („Es ist menschlich, dass ich …").

3. MITGEFÜHL Sprechen Sie mit sich selbst, wie wenn Sie einen guten Freund aufmuntern wollten („Das war doch nur ein kleiner Rückschritt, nächstes Mal schaffst du es, denk daran, was dir schon alles gelungen ist …").

Zusammenfassung der Strategie „Willenskraft aktivieren"

➔ Mit dieser Strategie verbessern Sie Ihre kognitive Selbstführung:

▌ Sie schaffen es, beim Verfolgen des Ziels konsequent am Ball zu bleiben.

▌ Sie können lockenden Ablenkungen widerstehen.

▌ Sie können sich besser und stärker auf unangenehme, für die Zielerreichung aber wichtige Aufgaben fokussieren.

 Effektivitätstipps:

▌ Identifizieren Sie Situationen in Ihrem Leben, an denen es Ihnen nicht gelingt, Handlungen zu initiieren, die Sie Ihrem Ziel näherbringen. Prüfen Sie, ob Sie in solchen Situationen unterschiedliche oder sich widersprechende Ziele verfolgen (z. B. kurzfristige Befriedigung vs. langfristiges Ziel).

▌ Gehen Sie den Weg zum Ziel mental durch. Je mehr geplante Teilschritte Sie haben, desto eher wissen Sie, was als Nächstes zu tun ist. Teilschritte erfordern außerdem weniger Willenskraft. Das senkt die Barriere zu handeln.

▌ Denken Sie daran, dass Sie morgen in der Regel keine besseren Entscheidungen treffen würden als heute. Schieben Sie deshalb den ersten Schritt zum Ziel nicht auf. Nutzen Sie dieses Wissen und handeln Sie heute.

▌ Nehmen Sie sich Zeit, Ihre Ziele einer Revision zu unterziehen. Überprüfen Sie, ob Sie genügend Selbstverpflichtung (Commitment) aufbringen können. Je stärker die emotionale Zielbindung, desto weniger Willenskraft brauchen Sie.

▌ Denken Sie daran, dass Willenskraft eine begrenzte Ressource ist, die nicht unerschöpflich ist. Dosieren Sie sie deshalb weise und nutzen Sie sie dann, wenn es darauf ankommt, wirklich wichtige Ziele zu erreichen.

Daran können Sie Ihre Kompetenz-Steigerung erkennen:

☐ Ihre Entschlossenheit in Richtung Zielverwirklichung nimmt zu, und Sie initiieren weitere Handlungsschritte.

☐ Sie erkennen, für welche Ablenkungen Sie besonders anfällig sind, und entwickeln Gegenmaßnahmen.

☐ Sie machen sich verstärkt den Nutzen bewusst, den Sie erzielen, indem sie ungeliebte Aufgaben abarbeiten.

☐ Sie überlegen sich vorab, welchen Weg Sie bei der Zielsetzung wählen und mit welchen Umwegen Sie rechnen müssen.

Die Fühlen-Strategie: Motivation finden

Wann sind Menschen richtig motiviert? Viele Menschen denken beim Thema An-reize an den Riesen-Lolli, den ein Kind mit freudestrahlenden Augen am Jahrmarkt-stand bekommt, damit es nicht jammert, weil es zu Fuß nach Hause laufen muss. Diese und andere sogenannten extrinsischen Belohnungen funktionieren häufig viel weniger gut, als wir denken. Die Forschung zeigt, dass extrinsische Belohnun-gen, die nicht direkt mit dem Ziel verbunden sind, zwar kurzfristig die Motivation steigern, aber keinen langfristig positiven Effekt haben. Die nachhaltigste Motiva-tionssteigerung gelingt durch intrinsische Belohnungen oder sogenannte „Natural Rewards". Bei Natural Rewards kommt die Motivation aus der Aufgabe selbst und aus Anreizen, die mit der Aufgabenbewältigung per se verbunden sind.

Wie schätzen Sie Ihre aktuelle Kompetenz ein, Motivation zu finden?

Lesen Sie die Beschreibungen der drei Kompetenz-Niveaus durch und kreuzen Sie an, wie Sie sich einschätzen. Eine Orientierung gibt Ihnen Ihr Testergebnis von Seite 29.

Wo stehen Sie?	Kompetenz-Niveau	Daran erkennen Sie das Niveau Ihrer Kompetenz, Motivation zu finden
☐	niedrig	Sie wissen nicht wirklich, wie man sich für Muss-Ziele motiviert; ma-chen sich die Vorteile der Zielerreichung nicht wirklich bewusst; wol-len es anderen recht machen; bemühen sich selten, auch in unat-traktiven Aufgaben etwas Nützliches oder Ansprechendes zu finden; neigen dazu, sich in Hindernissen und Schwierigkeiten zu verlieren.
☐	mittel	Sie können Aufgaben meist etwas Positives abgewinnen; mes-sen Anerkennung von außen keinen übertrieben großen Wert bei; setzen positive Selbstgespräche und Selbstbelohnungen ein, allerdings nur sparsam; haben die Überzeugung, die Arbeit mit-bestimmen zu können; kennen eigene Motivatoren, könnten aber öfter überlegen, welche natürlichen Belohnungen Ihre Leistungs-motivation steigern.
☐	hoch	Sie finden Spaß und Freude bei den meisten Aufgaben und Tä-tigkeiten; schöpfen Motivationskraft aus der Arbeit; versuchen, Belohnungen in den Aufgaben selbst zu entdecken; können sich in schwierigen Situationen selbst mit ermutigenden und bekräfti-genden Selbstgesprächen aufbauen, um am Ball zu bleiben und weiterzumachen.

Intrinsische und extrinsische Motivation

Motivation ist die Kraft, die Menschen antreibt, etwas zu tun. Sie bewegt uns dazu, etwas zu leisten. Jeder ist motiviert, doch die Ausprägungen sind unterschiedlich.

▌ Menschen sind intrinsisch motiviert, wenn sie Leistung erbringen, weil die Tätigkeit selbst ihnen Freude macht. Dabei geht es im Wesentlichen um die Freude am Tun oder um das Gelingen am Ende.

▌ Menschen sind extrinsisch motiviert, wenn sie eine Leistung erbringen, weil äußere Anreize wie Lob, Anerkennung oder Bezahlung für sie von Wert sind.

Selbstführung braucht Eigenmotivation

Effektive Selbstführung funktioniert dann am besten, wenn die Eigenmotivation hoch ist. Eigenmotivation erleben Menschen häufig in ihrem Privatleben, zum Beispiel wenn sie Hobbys nachgehen. Oder beruflich, wenn sie sich eigene Ziele setzen. Wenn Ziele vorgegeben werden, haben viele Menschen Schwierigkeiten, Eigenmotivation zu finden. Nur dann aber werden Aufgaben die bewältigt werden „müssen", als interessant wahrgenommen werden. Dies steigert ihre Zufriedenheit und trägt dazu bei, dass sie in das Erreichen von Zielen mehr investieren. Interessante Arbeitsinhalte, Lob, Beförderung, Geld, Anerkennung usw. sind Belohnungen, die Menschen dazu bringen, Eigenmotivation zu zeigen. Je präziser Sie wissen, was Sie persönlich motiviert, desto besser können Sie sich selbst kurzfristige Motivationsschübe verschaffen.

Wann brauchen Sie Anreize?

Sie brauchen Anreize, wenn Sie sich schwertun, bei der Arbeit motiviert zu sein. Wenn Sie wenig positive Anreize mit Ihrer Tätigkeit verbinden. Oder wenn Sie Ihre Arbeit sogar sinnlos finden. Dann fehlen Ihnen die Natural Rewards, also die positiven Seiten oder interessanten Aspekte, die in der Arbeit selbst stecken. Wenn Sie hingegen Ihre Aufgaben sinnvoll finden und Lust darauf haben, entwickeln Sie intrinsische Motivation.

Die Kraft der Eigenmotivation liegt im Erreichen von Zielen

Ein Ziel zu erreichen, fühlt sich immer gut an. Ist ein Ziel erreicht, empfiehlt es sich, die damit verbundenen Gefühle in Worte zu fassen oder sich zumindest bewusster zu machen. Verankern Sie die Emotionen, die Sie beim Erreichen des Ziels gespürt haben, in Ihrem Gedächtnis, damit diese Emotionen Sie beim nächsten Mal anspornen. Gedankliche Gefühlsorientierung ist eine wirksame Strategie der Selbstverstärkung. Es entsteht eine positive Erfolgsspirale. Glauben Sie an Ihre Erfolge!

Die zwei entscheidenden Motivations-Quellen

Menschen ziehen ihre Motivation aus zwei unterschiedlichen Quellen:

1. Die Motivationskraft (Anreiz) kommt aus der Aufgabe selbst

Selbstführung gelingt ohne besonderes Zutun, wenn Ziel und zielführende Handlungen intrinsische Belohnungsqualitäten besitzen. Je stärker die Menschen sich persönlich mit dem entsprechenden Bedürfnis, dem daraus erwachsenden Motiv und ihren konkreten Absichten verbunden fühlen, desto energischer werden sie ihre Handlungsziele verfolgen und desto weniger werden sie von verlockenden Ablenkungen gestört.

Finden Sie die motivierenden intrinsischen Aspekte: Nehmen Sie besonders die Aufgaben, die Ihnen schwerfallen und auf die Sie keine Lust haben, unter die Lupe. Können Sie diese Aufgaben in mehrere Teilschritte zerlegen? Gibt es einzelne Schritte, die Ihnen doch Spaß bereiten? Fragen Sie bei Menschen, denen diese Aufgaben nicht so schwerfallen, nach, was sie daran gut finden. Beobachten Sie sich selbst und suchen Sie nach intrinsischen Anreizen. Sind Sie zum Beispiel immer positiv eingestellt, wenn es etwas Neues ist? Wenn es um Einzelarbeit geht? Wenn Sie intrinsische Anreize für sich definieren können, fällt es Ihnen leichter, diese auch auf unangenehme Aufgaben zu übertragen.

Woran merken Sie, dass Sie motiviert sind?

Wenn Sie motiviert sind und die Dinge um ihrer selbst willen tun, befinden Sie sich im Zustand des Flows. Sie vergessen die Zeit, haben das Gefühl, in Ihren Tätigkeiten aufzugehen. Konzentration muss nicht erzwungen werden, sondern kommt automatisch – ohne große Anstrengung.

▎ Bei welchen Ihrer außerberuflichen Tätigkeiten vergeht die Zeit für Sie wie im Flug?

▎ Bei welchen beruflichen Tätigkeiten schauen Sie nicht auf die Uhr?

▎ Bei welchen Tätigkeiten fragen Sie sich selbst manchmal, wie Sie das nur so schnell und gut geschafft haben?

Hinweis: Wenn Sie viele Tätigkeiten gefunden haben, wissen Sie schon relativ gut, wie sich anfühlt, im Flow zu sein. Überlegen Sie, wie Sie diese positiven Erlebnisse bei Tätigkeiten nutzen können, die Ihnen schwerfallen, aber notwendig für die Zielerreichung sind.

Schauen Sie auch bewusst nach den extrinsischen Anreizen: Sie können nicht in jeder Aufgabe intrinsische Anreize finden – zumindest gelingt das nicht jedem. Dann setzen Sie sich extrinsische Anreize, mit denen Sie sich für die getane Arbeit belohnen: Sonne, Faulheit, Sport … was immer auf Sie motivierend wirkt. Nutzen Sie diese Art der Motivation und freuen Sie sich auf Goodies hinterher.

2. Die Motivationskraft (Anreiz) kommt aus der Folge der Handlung

Menschen schöpfen ihre Motivationskraft auch aus der Erwartung bestimmter Handlungsfolgen. Die zu erwartenden Vorteile und Erfolge durch eine bestimmte Handlung besitzen eine starke Anreizkraft. Gute Arbeitsergebnisse können beispielsweise als wirksamer Anreiz für zukünftige Zielsetzungen dienen. Nach Misserfolgen fällt es hingegen zumeist schwer, Spaß und Befriedigung aus der Arbeit zu ziehen. Hinter jeder Handlung stecken Erwartungen und Anreize, die hinreichend ausgeprägt sein müssen, damit die Handlung in Gang kommt.

Visualisieren Sie den erwünschten Zielzustand mit einem Siegerbild: Stellen Sie sich vor, wie Sie sich fühlen, wenn Sie Ihr Ziel erreicht haben. Malen Sie sich in allen Einzelheiten aus, wie befriedigend dieses Ereignis sein wird. Überlegen Sie sich ein Lied, das Ihre Emotionen ausdrückt. Verankern Sie Ihre Emotionen in einer Geste, die Sie abrufen können, um sich für den Zielzustand zu motivieren. Denken Sie zum Beispiel an die „Beckerfaust", mit der Boris Becker jeden Tennissieg besiegelte. Anreize haben mehr antreibende Kraft, wenn sie auch in Bilder und innere Szenen übersetzt und mit eigenen Körperempfindungen positiv gekoppelt werden. Töne, Gerüche, Körperempfindungen – all das aktiviert starke Gefühle, die Motivation erzeugen und die Zielbindung erhöhen. So bekommen Sie Kraft, für Ihr Ziel zu kämpfen.

Ein extrinsischer Trick: Wenn Sie die Anerkennung Ihres Chefs oder Partners motiviert, können Sie solche Belohnungen ans Ende stellen. So könnte beispielsweise eine gute Flasche Wein im Kühlschrank stehen, als „Siegerflasche" deklariert, die Sie gemeinsam öffnen.

Aktion: Reflektieren Sie Ihre Kompetenz, Motivation zu finden

Fühlen Sie sich eher intrinsisch (von innen) oder extrinsisch (von außen) motiviert?

Intrinsisch ▦▦▦▦▦▦▦▦▦▦ Extrinsisch

Welche Schwierigkeiten begegnen Ihnen im Alltag häufig?

☐ Ich weiß nicht, was mich wirklich motiviert.

☐ Ich kann mich nur schwer für uninteressante Aufgaben motivieren.

☐ Ich brauche viel Anerkennung von anderen, um mich gut zu fühlen.

☐ Ich mache mir wenig Gedanken, welche für mich positiven Aspekte in der Arbeit stecken.

Die Motivations-Checkliste

Nur wenn Sie wissen, was Sie motiviert, können Sie dieses Wissen nutzen, um sich einen Motivationsschub zu verpassen. Überlegen Sie, zu wie viel Prozent Sie sich durch die unterschiedlichen Aussagen motiviert bzw. demotiviert fühlen.

Ich fühle mich motiviert, wenn ich …	0%	50%	100%
☐ Freude an einer Tätigkeit habe.			
☐ weiß, dass etwas zu einem größeren Sinn beiträgt.			
☐ Lösungen für ein Problem finde.			
☐ gemeinsam mit anderen an etwas arbeite.			
☐ neue Ideen einbringen kann.			
☐ entscheiden kann, wie ich etwas mache.			
☐ Zeit habe, an etwas im Detail zu arbeiten.			
☐ mir vorstelle, wie ich mich am Ende des Ziels freuen werde.			
☐ den anderen zeigen kann, wie gut ich bin.			
☐ mir selbst beweisen kann, dass ich etwas schaffe.			
☐ Veränderungen aktiv mitgestalten kann.			
☐ andere fördern und Wissen teilen kann.			
☐ meine Meinung äußern kann.			
☐ meine Kompetenzen nutzen kann.			
☐ zur Verbesserung der Qualität beitragen kann.			

Verwenden Sie die Checkliste zukünftig, wenn Sie nach positiven Aspekten von Tätigkeiten auf dem Weg zu Ihren Zielen suchen.

Zusammenfassung der Strategie „Motivation finden"

Motivation ist gegeben, wenn wir die Quelle der Eigenmotivation gut kennen und uns davon leiten lassen. Generell gilt: Intrinsische (innere) Belohnungen haben stärkere Motivationskraft als extrinsische (äußere) Anreize.

➔ Mit dieser Strategie verbessern Sie Ihre emotionale Selbstführung:

▌ Sie können Ihre Leistungsbereitschaft selbstverantwortlich steuern, statt auf Anerkennung von außen angewiesen zu sein.

▌ Sie erleben die Arbeit per se wieder als motivierend.

▌ Sie finden auch in vorgegebenen Zielen Anreize, die für Sie persönlich relevant und motivierend sind.

 Effektivitätstipps:

▌ Entwickeln Sie Ihre persönliche Anreizliste mit den Dingen, die Sie intrinsisch und extrinsisch motivieren.

▌ Versuchen Sie, für Sie motivierende Aspekte in Aufgaben zu finden, zu denen Sie sich nicht aufraffen können, zum Beispiel indem Sie diese in Teile aufsplitten und neu betrachten.

▌ Visualisieren Sie Ihr eigenes Siegerbild: Wie fühlen Sie sich, wenn Sie etwas erreichen? Welche Haltung nehmen Sie ein? Wie feiern Sie?

▌ Überlegen Sie sich, wie Sie sich kurzfristig extrinsisch motivieren können, wenn die Arbeit stockt, und kommen Sie hin und wieder darauf zurück.

▌ Suchen Sie die Motivationsquelle möglichst immer bei sich und Ihren Zielen. Machen Sie sich das „Big Picture" klar: Was wollen Sie am Ende wirklich erreichen?

Daran können Sie Ihre Kompetenz-Steigerung erkennen:

☐ Sie suchen die Quelle Ihrer Motivation bei sich selbst und in Ihren Zielen.

☐ Sie steigern Ihre Motivation durch natürliche Belohnungen und intrinsische Anreize.

☐ Sie erkennen positive Aspekte in unangenehmen oder unattraktiven Aufgaben und Projekten.

☐ Sie erkennen den Nutzen von Selbstbelohnung – auch dann, wenn Sie noch Meilen von Ihrem Ziel entfernt sind.

Die Fühlen-Strategie: Emotionen regulieren

Unsere Gefühle und emotionale Befindlichkeiten begleiten ständig unser Denken und Handeln. Das, was Sie fühlen, entscheidet mit darüber, ob Sie etwas rasch oder zurückhaltend angehen, Angst oder Zuversicht erleben, freundlich oder abweisend reagieren. Vieles davon läuft unbewusst ab.

Stellen Sie sich vor, es ist 8 Uhr morgens. Sie sind gut drauf, setzen sich mit einem Kaffee an Ihren Arbeitsplatz und wollen tatkräftig in den Tag starten. Ihr „anstrengender" Kollege erzählt Ihnen, warum und wie er gestern ein Problem gelöst hat, das eigentlich Sie hätten lösen müssen. Sie merken, dass Sie nicht mehr so entspannt sind. Sie pressen die Lippen zusammen, verkneifen sich einen Kommentar, werden unruhiger. Obwohl es im Deutschen über 150 Adjektive für Gefühlsregungen gibt, ist es gar nicht so leicht, präzise zu beschreiben, was Sie fühlen. Das wiederum wäre allerdings die erste Voraussetzung dafür, Ihre Emotionen regulieren zu können.

Wie schätzen Sie Ihre aktuelle Kompetenz ein, Emotionen zu regulieren?

Lesen Sie die Beschreibungen der drei Kompetenz-Niveaus durch und kreuzen Sie an, wie Sie sich einschätzen. Eine Orientierung gibt Ihnen Ihr Testergebnis von Seite 29.

Wo stehen Sie?	Kompetenz-Niveau	Daran erkennen Sie das Niveau Ihrer Kompetenz, Emotionen zu regulieren
☐	niedrig	Sie lassen sich oft vom Bauchgefühl leiten und in schwierigen Situationen von Stimmungen beeinflussen; verstehen sich als Opfer der eigenen Gefühle; neigen in schwierigen Situationen dazu, andere Menschen für Ihre Gefühle verantwortlich zu machen.
☐	mittel	Sie haben Emotionen überwiegend unter Kontrolle; neigen gelegentlich jedoch dazu, eigene Launen unzutreffend zu deuten und deshalb auf Situationen unangemessen zu reagieren; zeigen Optimismus zu Beginn der Zielverfolgung, verlieren unterwegs aber manchmal an Engagement und Enthusiasmus.
☐	hoch	Sie können eigene Emotionen frühzeitig erkennen und kontrollieren; sind in der Lage, positive Gefühlshaltungen zu entwickeln und aufrechtzuerhalten; wissen, wie sich Stimmungen auf Ihre Leistungen auswirken und wie Sie emotionalen Energiefressern entgegenwirken können; setzen Mimik und Gestik gekonnt ein, um auszudrücken, was sie empfinden.

Wie entstehen Emotionen?

Emotionen entstehen durch körperliche Erregung und kognitive Prozesse. Jede Situation, jedes Ereignis löst bei uns physiologische Erregungszustände (wie Pulsbeschleunigung, Schwitzen oder Ähnliches) aus. Daraufhin versuchen wir, die Ursache für dieses körperliche Geschehen ausfindig zu machen und es auf die subjektive Erklärung der Situation zurückzuführen, zum Beispiel: „Ich bin angespannt, weil ich die Situation für gefährlich halte." In diesem Fall erleben wir Angst.

Entscheidend ist jedoch, dass jeder Mensch selbst Einfluss darauf nehmen kann, wie er seine Gefühle interpretiert. Viele emotionale Reaktionen sind bereits fest etablierte Muster, die sich über Jahre verfestigt haben und fast automatisch getriggert werden. So bekommt jeder im Laufe der Jahre seine persönlichen „Trigger". Vielleicht kennen Sie das: Durch ein paar Worte oder ein nonverbales Signal werden ganze emotionale Ketten der unangenehmen Art ausgelöst. Diese gilt es zu durchbrechen.

Gefühle und körperliche Reaktionen sind untrennbar verbunden

Es ist wissenschaftlich erwiesen, dass mimische, gestische und körperliche Ausdrucksformen Einfluss auf Emotionen haben. Zum Beispiel kann eine Körperhaltung mit hängendem Kopf, hängenden Schultern und gesenkten Mundwinkeln dafür sorgen, dass Sie einen traurigen Moment viel intensiver erleben. Dagegen werden Sie sich in dieser Körperhaltung kaum stark und souverän fühlen können. Bestimmte Körperhaltungen können Gefühle verstärken oder abschwächen. Herabgezogene Mundwinkel, zusammengezogene Augenbrauen, eine geballte Faust oder eine angespannte Sitzhaltung können Ärger, Stress und Trauer verstärken. Breitgezogene Mundwinkel, eine offene, aufrechte Haltung und entspannte Muskeln können eine gute Stimmung verstärken. Wichtig ist, dass Sie in der Lage sind, Ihre eigenen Körperreaktionen zuverlässig wahrzunehmen und richtig zu interpretieren.

Durch bewusste Gefühlssteuerung steigern Sie Ihre Selbstführung

Stellen Sie sich immer wieder die Fragen: Was verursacht welche negativen Gefühle bei mir? In welchen Situationen? Wie zeigt es sich körperlich? Es ist wichtig, emotional sensibel zu sein, um eigene Gefühlsregungen unterscheiden zu können. So gewinnen Sie an Einfluss und Kontrolle. Wenn Sie auf dem Weg zum Ziel unerwünschte Gefühle erleben, können Sie sich selbst führen und diese verändern.

Vier entscheidende Methoden für eine zielfördernde Emotionssteuerung

1. Embodiment: Fühlen Sie Ihren Erfolg auch körperlich

Wenn Sie feststellen, dass Sie in einer Situation öfter nicht das tun, was Sie tun möchten, dann kann das daran liegen, dass Ihr Körper und Ihr Geist unterschiedliche Dinge wollen. Bei der emotionalen Selbstführung spielt der Körper eine entscheidende Rolle. Vor allem die Körperhaltung. Versuchen Sie einmal gebückt und nach unten gerichtet zu stehen und sich gleichzeitig zu sagen: „Ich bin richtig gut drauf!" Das funktioniert nicht, weil Ihre Körperhaltung und Ihre Aussage nicht zusammenpassen.

Menschen können sich besser motivieren, schwierige Aufgaben zu lösen, wenn sie aufrecht und offen in ihrer Körperhaltung sind. Eine gekrümmte Körperhaltung signalisiert dem Bewusstsein negative Gefühle.

Angst und Entmutigung sind Gegenspieler Ihrer Ziele. Wenn Sie wissen, wie Ihr Gesichtsausdruck, Ihre Haltung und Ihre Stimme bei Erfolgserlebnissen aussehen, können Sie genau diese Posen in schwierigen Situationen abrufen. Sie nutzen also gezielt Ihren Körper, um sich in eine gute Stimmung zu bringen.

2. Nutzen Sie innere Selbstgespräche als positiven Booster

Jeder Mensch führt täglich zwischen 3000 und 5000 innere Selbstgespräche. Stellen Sie sich vor: Sie stehen vor einer neuen Aufgabe. Negative Gedanken, wie zum Beispiel „Das schaffe ich nie", kreisen in Ihrem Kopf. Oder ein guter Bekannter läuft, ohne zu grüßen, auf der Straße an Ihnen vorbei, obwohl Sie sicher sind, dass er Sie gesehen hat. „Was ist denn in den gefahren?", denken Sie jetzt. Und Sie ziehen den Schluss: „Der hat bestimmt was gegen mich", oder: „Was habe ich ihm getan?"

Ziel ist es nun, diese Selbstgespräche überhaupt zu erkennen und dann ins Positive umzuwandeln. Zum Beispiel: „Ich habe es noch nie gemacht, aber ich schaffe das."

Positive Selbstgespräche unterstützen Sie dabei,

I die bei der Zielsetzung und Zielumsetzung auftretenden, selbstabwertenden und handlungshindernden Gedanken und Emotionen zu kontrollieren,
I Ihre Aufmerksamkeit bewusst in eine positive Richtung zu lenken und
I Hindernisse bewusst wahrzunehmen und anders zu bewerten.

3. Gedankenstopp: Sagen Sie innerlich „Stopp!", wenn Sie in Grübelschleifen feststecken

In schwierigen Situationen rasen uns oftmals Gedanken durch den Kopf, die uns die Lage negativ bewerten lassen. Wir sind weniger optimistisch, das Ziel zu erreichen, und geraten emotional und gedanklich in eine negative Spirale. Die Folge ist ein Tunnelblick. Es hilft, dieses Grübeln durch ein lautes „Stopp!" zu unterbrechen und mit Selbstgesprächen nach positiveren Interpretationen zu suchen. „Stopp!" ist kein Zauberwort, das negative Gedanken gänzlich verschwinden lässt. Doch es hilft Ihnen, systematisch Negativspiralen zu durchbrechen.

Wenn Sie in einer Negativspirale feststecken, schließen Sie die Augen und sagen Sie laut oder innerlich ganz klar: „Stopp!" Seien Sie achtsam und konzentrieren Sie sich auf Ihre Gedanken, zum Beispiel: „Ich bin nicht gut genug." Nutzen Sie dann die positiven Selbstgespräche, um die Situation umzudeuten, zum Beispiel: „Ich bin nicht perfekt, und das ist auch gut so."

4. Vogelperspektive: Lernen Sie, selbst zu bestimmen, welche Gefühle Sie wann, wo und wie ausdrücken möchten

Manche Situationen lassen Menschen fast automatisch ängstlich, traurig oder mutlos sein, ohne dass sie wissen, warum das so ist. Solche Automatismen sind im Laufe des Lebens erlernt worden. Diese gilt es nun wieder zu verlernen und durch andere, für die Situation besser geeignete Gefühlsreaktionen zu ersetzen. Spontane, negative Emotionen können Sie gezielt in eine positive Richtung steuern.

Gehen Sie regelmäßig in die Vogelperspektive. Sobald Sie von starken Emotionen überrollt werden, können Sie sich auch vorstellen, wie jemand anderes die Situation deuten würde. Überlegen Sie, welche Emotion Sie selbst gern zeigen möchten und wie Ihnen dies beim nächsten Mal gelingen könnte.

Aktion: Reflektieren Sie Ihre Kompetenz, Emotionen zu regulieren

Fühlen Sie vorwiegend negative oder positive Emotionen in Ihrem Alltag?

negative ▮▮▮▮▮▮▮▮▮▮▮ positive

Welche Schwierigkeiten begegnen Ihnen im Alltag häufig?

☐ Ich fühle schnell und intensiv die unterschiedlichsten Emotionen und kann damit nicht immer umgehen.

☐ Ich finde mich in einem gedanklichen Sorgenrad, in dem ich mir Gedanken und Sorgen über alles Mögliche mache.

☐ Ich fühle mich oft durch negative Emotionen blockiert.

☐ Ich fühle mich durch Bedenken und Ängste schnell entmutigt.

☐ Ich weiß nicht, wie ich meine Stimmung verbessern kann, wenn ich frustriert bin.

☐ Ich gehe mit einem schlechten Gefühl zur Arbeit.

Weitere Schwierigkeiten:

```

```

Was sind die wichtigsten Erkenntnisse für Sie aus dieser Strategie?

```

```

Was wollen Sie verändern?

```

```

Zusammenfassung der Strategie „Emotionen regulieren"

Leistungsfördernde Emotionen beschleunigen die Realisierung Ihrer Vorhaben. Diese Emotionen unterstützen Sie dabei, die Anstrengung bei Ihren Vorhaben zu erhöhen und Ihr Handeln in die gewünschte Richtung zu lenken.

➡ Mit dieser Strategie verbessern Sie Ihre emotionale Selbstführung:

❚ Sie übernehmen Eigenverantwortung für Ihre Gefühle.

❚ Sie setzen sich mit unangenehmen Emotionen auseinander.

❚ Es gelingt Ihnen, auch in schwierigen Situationen die Kontrolle zu behalten und sich weniger oft von Zweifeln leiten zu lassen.

 Effektivitätstipps:

❚ Betrachten Sie Emotionen regelmäßig aus einer anderen Perspektive. Fragen Sie sich: Was könnte es noch sein? Wie könnte ich es auch sehen?

❚ Nutzen Sie Ihre Körperhaltung, um gezielt positive Emotionen abzurufen und negative abzumildern.

❚ Visualisieren Sie gedanklich Ihr Ziel: Wie werden Sie sich fühlen? Wie werden Sie sich über den Erfolg freuen? Was wird dann anders sein? Warum lohnt sich die Anstrengung? Wie wird Ihr Umfeld reagieren?

❚ Durchbrechen Sie frühzeitig plötzlich aufkommende negative Gedankenspiralen, sobald Sie merken, dass diese Sie in schlechte Laune versetzen.

Daran können Sie Ihre Kompetenz-Steigerung erkennen:

☐ Sie lassen negative Emotionen zu, analysieren Sie genauer und können daraus hilfreiche Handlungsimpulse ableiten.

☐ Negative emotionale Reaktionen auf unangenehme Situationen betrachten Sie als Zeichen, um genauer hinzuschauen, was bei Ihnen gerade los ist.

☐ Sie können unangenehme Erlebnisse und Empfindungen relativieren, indem Sie sich aufmunternde Sätze zusprechen.

☐ Sie beginnen, den Auslösern negativer Gefühle auf den Grund zu gehen und bewusst Einfluss darauf zu nehmen.

Die Handeln-Strategie: Umfeld gestalten

Das Umfeld, in dem Sie sich befinden, kann wie ein Beschleuniger für Ihre persönlichen Ziele wirken. Allerdings kann es genauso zur Bremse für Sie werden. Der Schlüssel zur Wirkung des Umfelds ist nicht das, was die anderen tun. Vielmehr ist es entscheidend, inwieweit Sie Selbstverantwortung und Eigeninitiative nutzen, um Ihr persönliches Arbeits- und Lebensumfeld so zu gestalten, dass es zum Beschleuniger wird.

Bestimmt haben Sie schon einmal eine Situation erlebt, in der Sie gedacht haben: „Es lohnt gar nicht, sich dafür einzusetzen. Egal, was ich tue, es wird sich nichts an dieser Situation ändern." Die Frage ist: Stimmt das wirklich? Denn gerade dann, wenn wir solche Gedanken haben, übersehen wir schnell die Möglichkeiten, mit Selbstverantwortung und Eigeninitiative etwas an unserem Umfeld zu verändern.

Wie schätzen Sie Ihre aktuelle Kompetenz ein, Ihr Umfeld zu gestalten?

Lesen Sie die Beschreibungen der drei Kompetenz-Niveaus durch und kreuzen Sie an, wie Sie sich einschätzen. Eine Orientierung gibt Ihnen Ihr Testergebnis von Seite 29.

Wo stehen Sie?	Kompetenz-Niveau	Daran erkennen Sie das Niveau Ihrer Kompetenz, Ihr Umfeld zu gestalten
☐	niedrig	Sie fühlen sich eher fremdbestimmt; nutzen vorhandene Handlungsspielräume kaum; machen sich vorschnell ein Bild von der Situation und handeln ohne Abschätzung möglicher Gestaltungsalternativen; trauen sich selten Eigeninitiative zu, wenn es darum geht, mehr Handlungsspielräume zu generieren und auszuschöpfen.
☐	mittel	Sie betrachten äußere Bedingungen als objektive Gegebenheiten und nutzen sie für eigene Ziele; sind in der Lage, Arbeitsbedingungen eigenverantwortlich zu verändern; bemühen sich, das Umfeld nach eigenen Bedürfnissen zu gestalten; neigen in schwierigen Situationen aber dazu, eigene Gestaltungsideen nicht umzusetzen.
☐	hoch	Sie nutzen Handlungsspielräume und verändern gegebene Gestaltungsmöglichkeiten zu Ihren Gunsten; sind zumeist fähig und in der Lage, Anregungen aus dem Umfeld bewusst aufzunehmen und gezielt in Ihre Veränderungsvorstellungen zu integrieren; erkennen schnell einengende Zwänge und Restriktionen und suchen zügig nach Lösungen und Alternativen.

Jeder kann sich Freiräume schaffen und zunutze machen. Dabei spielt es keine Rolle, ob man Unternehmer oder Telefonverkäufer ist. Natürlich, die Freiräume unterscheiden sich. Meistens sind sie jedoch größer, als man denkt. Denn ganz unabhängig von organisatorischen Gegebenheiten können Sie jederzeit damit beginnen, Ihre Tätigkeiten, Einflussbereiche und Arbeitssituationen eigenverantwortlich zu gestalten. Fragen Sie sich:

▮ Welche Chancen, Spiel- und Freiräume habe ich überhaupt?
▮ Welche nutze ich bereits? Welche könnte ich stärker nutzen?

Warum Ihre Selbstwirksamkeitsüberzeugung entscheidend ist

Je mehr Einschränkungen Sie wahrnehmen und erleben, umso wichtiger ist es, mit Ihrer Selbstwirksamkeitsüberzeugung gegenzusteuern. Der Glaube an die eigenen Fähigkeiten, erfolgreich mit einer Situation umgehen zu können, ist entscheidend. Nur so haben Sie das Gefühl, Kontrolle über die Situation zu haben. Je weniger Sie von Ihrer Selbstwirksamkeit überzeugt sind, desto geringer wird Ihre wahrgenommene Situationskontrolle sein. Typische Gedanken sind dann beispielsweise: „Ich kann meine Arbeitszeiten nicht verändern, habe ja eh nichts zu sagen." Drehen Sie diese Gedanken um, zum Beispiel in: „Ich kann mit meiner Chefin besprechen, ob ich nur 80 Prozent arbeiten kann, so wäre die Arbeitszeit für mich eine deutliche Verbesserung."

Lernen Sie, Situationen neu zu bewerten

Wenn Sie eine Situation so wahrnehmen, dass sie wenig kontrollierbar ist, erscheinen Beschränkungen von außen intensiver. Das beeinflusst Ihr Selbstwertgefühl negativ und führt dazu, dass Ihr Kompetenzempfinden leidet. Wenn Sie über Jahre das Gefühl haben, nichts an Ihrer Situation verändern zu können, obwohl Sie in Ihren Augen alles Mögliche versuchen, kann es dazu führen, dass Sie irgendwann aufgeben.

Deshalb ist es so wichtig, dass Sie nach einem sozialen oder organisatorischen Umfeld suchen, das Sie bei dem, was Sie tun, unterstützt. Angenommen, Sie melden sich voller Enthusiasmus im Fitnessstudio an. Wenn Ihr Kollege nun erzählt, dass das „sowieso nur rausgeschmissenes Geld" ist, und lautstark die Meinung äußert, dass Sie „doch eh nicht regelmäßig hingehen", wird das möglicherweise Ihr Veränderungsvorhaben bremsen. Kommt Ihr Kollege aber an jeden Mittwoch mit und unterstützt Sie, so beschleunigt das auch Ihren Veränderungsprozess.

Drei Optionen, wie Sie mit ungeliebten Dingen in Ihrem Umfeld umgehen

In unserem Umfeld kann uns nicht immer alles gefallen. Das ist normal. Wir müssen aber entscheiden, wie wir mit Dingen, die uns missfallen, umgehen möchten. Dazu gibt es drei bewährte Optionen, wie Sie damit umgehen können.

1. Change it! Verändern Sie Ihr Umfeld
Sie können auf Ihr berufliches oder privates Umfeld einwirken, um dem näherzukommen, was Sie sich vorstellen. Dabei geht es darum, zu identifizieren, was Sie verändern können, damit das Umfeld besser zu Ihren Bedürfnissen passt.
Stellen Sie sich vor, es stört Sie, dass jemand in Ihrer Tür steht und Sie kaum noch dazu kommen, Aufgaben abzuarbeiten. Beantworten Sie folgende Fragen:

❙ WAS möchten Sie konkret verändern? *Beispiel: pro Tag zwei Stunden am Stück konzentrierte Arbeitszeit haben.*

❙ WIE könnten Sie es verändern? *Beispiel: morgens früher anfangen, bevor die Kollegen im Büro sind; Runde durchs Büro gehen, um präventiv Fragen am Stück abzufangen; konsequent die Tür schließen; teilweise im Homeoffice arbeiten …*

❙ WANN setzen Sie welche Optionen um? *Beispiel: Ab morgen fange ich jeden Tag um 7 Uhr an und mache dann bis 9 Uhr die Tür zu, danach gehe ich eine Runde durchs Büro und setze mich anschließend an die nächsten Aufgaben.*

Reflektieren Sie zeitnah, was funktioniert und was nicht. Vielleicht bessert sich trotz Anstrengungen nichts an der Situation. Wenn Sie ungeduldiger werden und merken: „So geht es nicht mehr weiter", sollten Sie sich mit der zweiten Option beschäftigen.

2. Leave it! Verlassen Sie Ihr Umfeld

Sie haben versucht, etwas an Ihrem Umfeld zu verändern, doch es wird einfach nicht besser. Stellen Sie sich dann offen und ehrlich die Frage: Möchte ich unter solchen Umständen weiterhin in dieser Situation bleiben? Sie können stattdessen gezielt nach neuen Möglichkeiten suchen, die es Ihnen erlauben, Ihre Fähigkeiten besser zu entfalten. Sie ergreifen also die Initiative, um ein anderes, besser passendes Umfeld auszuwählen.

In unserem Beispiel könnten Sie feststellen: „Egal, was ich mache, mich belasten die Störungen durch Kollegen enorm. Ich bin am effektivsten und erziele die besten Ergebnisse, wenn ich einfach alleine arbeiten kann." Vielleicht überlegen Sie nun ernsthaft, Ihren Job zu kündigen und sich selbstständig zu machen. Erfolgsrelevant ist bei dieser Option, dass Sie wissen, welche Bedürfnisse für Sie wichtig sind und welches Umfeld Sie brauchen, um diese Bedürfnisse befriedigen zu können.

Sie entscheiden sich also zwischen den beiden Möglichkeiten: Verlasse ich das Umfeld – ja oder nein? Wenn Sie zum Entschluss kommen, dass Sie dieses Umfeld nicht verlassen möchten, zum Beispiel weil es keine wirklich attraktiven Alternativen gibt, dann haben Sie eine weitere Option.

3. Love it! Akzeptieren Sie es, wie es ist

Wenn Sie sich bewusst dafür entscheiden, störende Gegebenheiten in Ihrem Umfeld zu akzeptieren, wirken Sie indirekt auf Ihr Umfeld ein. Zum einen verändern Sie Ihre Bewertung – denn Sie haben entschieden: „Es stört mich nicht so sehr, dass ich die Situation verlassen möchte, also könnten auch andere Bedürfnisse wichtig sein." Zum anderen ergeben sich gleichzeitig vielleicht Gelegenheiten, Anregungen aus Ihrem Umfeld aufzunehmen und gezielt für eine Verhaltensänderung zu nutzen. Wie das geht, lesen Sie auf Seite 87. Der Schlüssel: Sie fangen dabei immer bei sich selbst an.

Wenn Sie ein Problem mit Störungen haben, fördern Sie konzentriertes Arbeiten, indem Sie zum Beispiel für Großraumbüros Regeln finden wie „Kopfhörer auf, heißt: will nicht gestört werden". Sie selbst stören dann ebenfalls nicht.

Aktion: Reflektieren Sie Ihre Kompetenz, Ihr Umfeld zu gestalten

Wie beurteilen Sie Ihre Einflussmöglichkeiten am Arbeitsplatz?

Sehr gering ▭▭▭▭▭▭▭▭▭▭ Sehr stark

Was müsste passieren, damit Sie mehr Einfluss ausüben können?

Welche Schwierigkeiten begegnen Ihnen im Alltag häufig?

- ☐ Ich ärgere mich über zu wenig Handlungsmöglichkeiten.
- ☐ Ich denke selten darüber nach, wie ich mein Arbeitsumfeld verbessern kann.
- ☐ Ich bekomme wenig inspirierende Impulse durch mein Arbeitsumfeld.
- ☐ Ich fühle mich fremdgesteuert.
- ☐ Ich fühle mich abhängig von anderen.
- ☐ Ich kann mir wenig Freiräume schaffen, um meine Arbeit nach meinen Vorstellungen zu erledigen.
- ☐ Ich weiß nicht genau, was ich in meinem Arbeitsumfeld ändern kann, um bessere Leistung zu erbringen.

Weitere Schwierigkeiten:

Was wollen Sie verändern?

Zusammenfassung der Strategie „Umfeld gestalten"

Selbstführung funktioniert nur, wenn es gelingt, ein bedürfnisgerechtes und leistungsförderliches Arbeits- und Lebensumfeld zu finden oder herzustellen. Deshalb ist es wichtig, auszuloten, wie Sie sich Freiräume schaffen, um Anforderungen und Aufgaben nach Ihren Vorstellungen erledigen zu können

➜ Mit dieser Strategie verbessern Sie Ihre verhaltensbezogene Selbstführung:

❙ Sie lernen, aus weiterer und bisher nicht genutzten Ressourcen Ihres Umfelds Vorteile zu ziehen.
❙ Sie schaffen sich proaktiv möglichst zielfördernde Umfeldbedingungen.
❙ Sie erhöhen Ihren Einfluss auf das Umfeld.

 ### Effektivitätstipps:

❙ Suchen Sie nach einem sozialen Umfeld, das Sie unterstützt. Wenn Sie Menschen haben, die Ihren Vorhaben wohlwollend gegenüberstehen, steigert das Ihre Veränderungs- und Selbstführungs-Kompetenz.
❙ Prüfen Sie: Welche Ziele hat meine Organisation und inwieweit passen diese Ziele zu meinen eigenen Zielen? Besteht eine Diskrepanz? Besteht eine Deckung? Sind Ziele vielleicht sogar unvereinbar? Wünschenswert wäre eine bestmögliche Deckung, damit Sie Ihr Umfeld als Beschleuniger nutzen können. Je höher die Diskrepanz, desto schwieriger wird es, allein etwas zu verändern.
❙ Untersuchen Sie regelmäßig Ihre Arbeitsweisen. Sind sie der Situation angemessen? Wo fördern sie? Wo behindern sie?

Daran können Sie Ihre Kompetenz-Steigerung erkennen:

☐ Sie analysieren Ihre Situation kritisch und hinterfragen, welche Chancen, Spiel- und Freiräume Sie haben.
☐ Sie erkennen reale Gestaltungsmöglichkeiten – dabei befreien Sie sich vom Gedanken, „Opfer der Situation" zu sein.
☐ Sie wissen, worauf Sie in Ihrem Alltag keinen Einfluss nehmen können, und nehmen diese Situation an, sofern Sie sie nicht verlassen können oder wollen.
☐ Sie beginnen, proaktiv auf Ihr Umfeld einzuwirken, und versuchen, selbst ungünstige Bedingungen zum Positiven zu verändern.

Die Handeln-Strategie: Verhalten anpassen

Wenn Sie immer wieder an den gleichen Stellen scheitern, kann es sein, dass Ihr Ziel nicht mit üblichen Verhaltensweisen erreicht werden kann. Dann wird Ihr eigenes Handeln zum Hindernis, das es zu überwinden gilt.

Stellen Sie sich vor, Sie sind Verkäufer und waren sehr erfolgreich. … bis jetzt. Schon seit einigen Monaten merken Sie, dass die großen Erfolge ausbleiben. Was die Kunden früher begeistert hat, lässt sie heute müde lächeln. In solchen und ähnlichen Situationen heißt es dann: die Kunst der Selbstführung nutzen, um das eigene Verhalten anzupassen.

Wie schätzen Sie Ihre aktuelle Kompetenz ein, Ihr Verhalten anzupassen?

Lesen Sie die Beschreibungen der drei Kompetenz-Niveaus durch und kreuzen Sie an, wie Sie sich einschätzen. Eine Orientierung gibt Ihnen Ihr Testergebnis von Seite 29.

Wo stehen Sie?	Kompetenz-Niveau	Daran erkennen Sie das Niveau Ihrer Kompetenz, Ihr Verhalten anzupassen
☐	niedrig	Sie bevorzugen es, bei Gewohnheiten zu bleiben, auch wenn es sich um lästige Verhaltensweisen handelt; empfinden Neues als unangenehm; haben Schwierigkeiten, wünschenswertes Zielverhalten zu initiieren und auszuprobieren; neigen dazu, Misserfolge eigener Unfähigkeit zuzuschreiben.
☐	mittel	Sie reflektieren und beeinflussen eigenes Verhalten nur gelegentlich; haben Klarheit, welches Verhalten erzielt werden soll, wissen jedoch nicht genau, wie der Veränderungsprozess durchgehalten werden kann; sorgen nur gelegentlich für gedankliche und emotionale Verstärkung der neuen Verhaltensausrichtung.
☐	hoch	Sie wissen, wie unerwünschte Verhaltensweisen unterdrückt und erwünschte Verhaltensweisen herbeigeführt werden können; können sich selbst bei Bedarf angemessen belohnen; suchen aktiv nach positiven Vorbildern im Umfeld, um eigenes Verhalten langfristig und erfolgreich zu verändern.

Unser Verhalten verfestigt sich über Jahre und Jahrzehnte. Fast alle unsere Verhaltensroutinen laufen automatisch ab, ohne dass wir viel darüber nachdenken müssen. Das gilt es zu unterbrechen. Je konkreter Sie wissen, was genau Sie tun und was eine bessere Alternative wäre, desto eher können Sie sich mit fest verankerten Verhaltensgewohnheit auseinandersetzen, sie durchbrechen und durch wirksamere Verhaltensweisen ersetzen.

Mit der Beobachtung fängt alles an

Wenn Sie Ihr Verhalten selbstgeführt verändern wollen, bedeutet das vor allem, unerwünschtes Verhalten genau zu beobachten. Klären Sie folgende Fragen:

▌ Gibt es besondere Situationen, in denen das unerwünschte Verhalten auftritt?

▌ Welche gemeinsamen Merkmale haben diese Situationen?

▌ Was sind die positiven und negativen Konsequenzen aus dem Verhalten?

Wie Sie Verhaltensroutinen mithilfe anderer Menschen durchbrechen

Manche Menschen können sich selbst gut beobachten. Andere haben Schwierigkeiten damit. Vielleicht bemerken Sie bei Ihren Verhaltensroutinen überhaupt nicht, was Sie genau tun. In diesem Fall wird die Rückmeldung von anderen entscheidend. Wenn Sie Führungskraft sind und merken, dass sich in den Meetings keiner traut, etwas zu sagen, kann der Grund zum Beispiel Ihre Körperhaltung oder Ihre Mimik sein. Beides mag Ihnen gar nicht auffallen, kann aber negativ ankommen. Sie fühlen sich konzentriert, aber die Mitarbeiter denken: „Der ist gerade ja total unzufrieden" – und trauen sich nicht mehr, Ideen zu äußern. Beziehen Sie Feedback von Ihrem sozialen Umfeld aktiv ein. Suchen Sie Menschen, die offen und unverstellt bereit sind, zu beschreiben, wie Ihr Verhalten auf sie wirkt.

Hinweis: Warum „So bin ich halt" eine schlechte Ausrede ist
Die größte Chance auf Erfolg im Leben haben Menschen, die gezielt innerhalb ihrer Stärken arbeiten. Doch jemand, dessen Stärken es sind, schnell zu entscheiden und viele Ideen einzubringen, neigt vielleicht dazu, häufiger Fehler zu machen. Wir, die Autoren, empfehlen den Menschen, so lange in ihren Stärken zu bleiben, wie die Schwächen ihnen nicht im Weg stehen.

Drei Methoden, mit denen Sie Ihre Verhaltensroutinen durchbrechen

1. Blinde Flecken aufdecken: Bewerten Sie Kritik und Misserfolge zukunftsorientiert

Zu langes Grübeln über Misserfolge kann bei der Zielverfolgung hinderlich sein. Solche Gedanken komplett zu ignorieren, ist jedoch ebenfalls nicht konstruktiv. Kritik und Feedback von anderen können Sie nutzen. Hören Sie genau zu. Dabei geht es nicht darum, ob Sie einer Kritik zustimmen. Lassen Sie sich durch negatives Feedback vom Chef nicht aus der Bahn werfen. Seien Sie nicht niedergeschlagen, sondern sehen Sie es als Chance zur Sichtfelderweiterung. Mit jedem Feedback erhalten Sie potenziell neue Sichtweisen auf Ihre Person.

Holen Sie sich nach einem Misserfolg gezielt Rückmeldung, um Aspekte aufzudecken, die Sie selbst vielleicht nicht sehen. Bitten Sie Kollegen, Vorgesetzte und Kunden um Feedback. Sammeln Sie alle Punkte. Bewerten Sie diese später und seien Sie wertschätzend gegenüber den Feedbackgebern. Sonst werden Sie beim nächsten Mal vielleicht nicht mehr erfahren, wie das, was Sie gemacht haben, bei anderen angekommen ist.

Durch den konstruktiven Umgang mit Misserfolgen und durch das Einholen von Feedback kann man das eigene Sichtfeld vergrößern und das eigene Verhalten künftig flexibler gestalten.

2. Die 5-Sekunden-Regel: Schlagkräftig in zwei Richtungen

Sicher kennen Sie das: Ein Vorhaben scheitert manchmal schon, bevor es überhaupt begonnen hat. Grund dafür ist häufig zu langes Warten und Abwägen vor dem Start. Probieren Sie es aus: Starten Sie Ihr Vorhaben das nächste Mal innerhalb von fünf Sekunden. Das ist das Zeitfenster, in dem Ihr innerer Schweinehund noch schläft und Ihr Verstand noch keinen Gegenspieler hat.

Sie können die 5-Sekunden-Regel auch andersherum nutzen. Wenn Sie zum Beispiel auf Süßigkeiten verzichten möchten, aber dann doch Heißhunger auf Süßes bekommen: Warten Sie länger als fünf Sekunden. Zählen Sie bis zehn oder warten Sie eine Minute. Und entscheiden Sie erst dann. Dann hat der Verstand Zeit, sich einzuschalten, und in vielen Fällen werden Sie sich gegen die Süßigkeiten entscheiden – nur aufgrund dieser kurzen Wartezeit.

3. 5-V-Methode: Verhalten situationsgerecht anpassen

Die 5-V-Methode hilft dabei, Verhalten bestimmten Situationsanforderungen anzupassen. Erst wenn Sie sich klar darüber werden, wodurch Ihr Verhalten ausgelöst
wird, und sich bewusst gemacht haben, welche Reaktionen und Konsequenzen es
nach sich zieht, können Sie Ihr Verhalten gezielt der Situation anpassen – indem Sie
entweder die Auslöser des Verhaltens meiden oder mit neuen Verhaltensweisen
experimentieren.

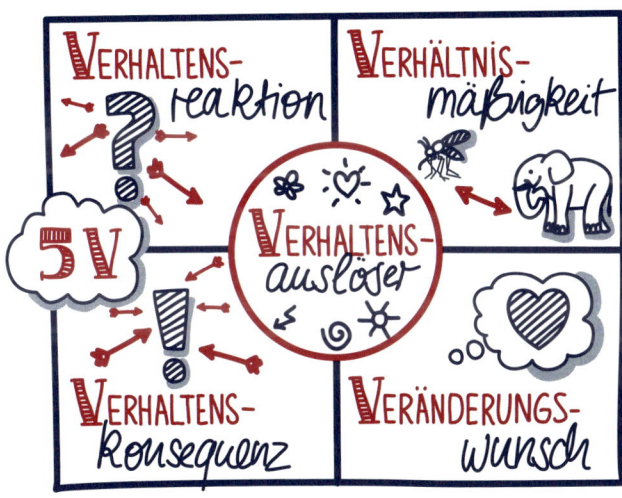

- **Verhaltensauslöser:** Wie sieht eine typische Situation aus, die bei Ihnen immer
  wieder unerwünschtes Verhalten auslöst?
- **Verhaltensreaktion:** Beobachten Sie sich selbst und machen Sie sich Ihre Reaktion bewusst. Wodurch zeichnet sie sich aus?
- **Verhältnismäßigkeit:** Denken Sie darüber nach, ob Ihre Reaktion der Situation
  angemessen ist oder ob sie sich unpassend anfühlt. Beobachten Sie auch, wie
  sich andere Personen in ähnlichen Situationen verhalten.
- **Verhaltenskonsequenz:** Welche Konsequenzen zieht Ihr Verhalten nach sich?
  Welche Konsequenz wollen Sie eigentlich erzielen?
- **Veränderungswunsch:** Überlegen Sie, wie Sie beim nächsten Mal reagieren
  möchten.

Aktion: Reflektieren Sie Ihre Kompetenz, Ihr Verhalten anzupassen

Wie flexibel erleben Sie Ihr Verhalten in schwierigen Situationen?

Voll
und ganz
unflexibel

Voll
und ganz
flexibel

Welche Schwierigkeiten erleben Sie im Alltag regelmäßig?

☐ Ich wundere mich immer wieder, warum gewohnte Verhaltensweisen nicht mehr denselben Effekt haben wie früher.

☐ Ich merke, dass mein Verhalten angemessener hätte sein können.

☐ Ich verfalle immer wieder in alte Verhaltensmuster.

☐ Ich ignoriere Kritik oder werte sie ab.

☐ Ich habe Schwierigkeiten, mir nach Misserfolgen Rückmeldung von anderen einzuholen.

☐ Ich frage mich selten, warum mein Verhalten bei anderen manchmal nicht so gut ankommt.

Reflektieren Sie eine konkrete Situation. Für eine Verhaltensanpassung ist es oft notwendig, automatische Situations-Reaktions-Ketten zu unterbrechen. Denken Sie einmal an eine Situation, bei der Sie sich selbst immer wieder im Wege stehen:

▌ Welche Reaktion zeigen Sie hier normalerweise?

▌ Welche Konsequenzen zieht das im Allgemeinen nach sich?

▌ Welche Konsequenzen möchten Sie stattdessen erzielen?

▌ Welches andere Verhalten sollten Sie dafür zeigen?

▌ Wie kann Ihnen das gelingen?

▌ Was sind die wichtigsten Erkenntnisse für Sie aus dieser Strategie?

▌ Was wollen Sie verändern?

Zusammenfassung der Strategie „Verhalten anpassen"

Wann sind Verhaltensänderungen notwendig? Die Antwort auf diese Frage hilft dabei, sinnvolle Verhaltensanpassungen vorzunehmen. Verhaltensgewohnheiten zu verändern bedeutet immer, die Komfortzone zu verlassen und die Initiative zu ergreifen.

➜ Mit dieser Strategie verbessern Sie Ihre verhaltensbezogene Selbstführung:

❙ Sie werden flexibler in Ihrem Verhalten und können sich so für effektivere Verhaltensweisen entscheiden.

❙ Sie lernen Ihre blinden Flecken kennen und ziehen aus der Kritik anderer nützliche Schlüsse.

❙ Sie lernen, auf unterschiedliche Anforderungen und Situationen angemessener zu reagieren.

 Effektivitätstipps:

❙ Lernen Sie, positive innere Dialoge zu führen, um sich selbst anzuleiten und das Verhalten in eine gewünschte Richtung zu steuern. Beispiel: „Ich mache weiter – und werde mein Ziel erreichen, indem ich mein Bestes gebe." Klare und bewusste Selbstanleitungen wie diese besitzen die Kraft, Verhaltensänderungen zu unterstützen.

❙ Machen Sie es sich zur Gewohnheit – besonders nach Misserfolgen – aktiv Feedback einzuholen, um so Ihre eigene Wahrnehmungsperspektive zu erweitern.

❙ Suchen Sie Erklärungen für Misserfolge bei sich selbst. Aber Vorsicht: Schreiben Sie Misserfolge nicht eigener Unfähigkeit zu! Sonst erhöht sich die Wahrscheinlichkeit eines Scheiterns auch in Zukunft. Besser ist, Erklärungen in temporären persönlichen „Schwächen" zu suchen („Ich war nicht gut genug vorbereitet"). So haben Sie die Chance, es beim nächsten Mal besser zu machen.

Daran können Sie Ihre Kompetenz-Steigerung erkennen:

☐ Sie beginnen, Ihre Verhaltensautomatismen zu hinterfragen und Ihre Handlungsabläufe genauer zu analysieren.

☐ Sie können Auslöser und Konsequenzen störender Verhaltensweisen bewusst registrieren und die Änderung Ihres Verhaltens planen.

☐ Es gelingt Ihnen besser, neue Handlungsabläufe zu initiieren und ihre Ausführung einzuüben.

Die Energie-Strategie: Energie managen

Wenn Menschen denken, fühlen oder handeln, tun sie das nicht wie körperlose Gespenster. Psychische Prozesse funktionieren am besten im Zusammenspiel mit einem gesunden und vitalen Körper. Die Achtsamkeit in Bezug auf Ernährung, Entspannung und Bewegung – den drei wichtigsten Vitalitätskomponenten – hat in den letzten Jahren stark zugenommen.

Wenn Sie zu Mittag eine doppelte Portion Nudeln essen, brauchten Sie sich nicht zu wundern, wenn Sie um 14 Uhr einen Durchhänger haben. Wenn Sie täglich nur fünf Stunden schlafen, kann Ihr Verstand nicht auf Hochtouren laufen. Wenn Sie Ihren Körper nicht in Schuss halten, wird er in belastenden Phasen geistig nicht so leistungsfähig sein, wie Sie sich dies wünschen würden.

Wie schätzen Sie Ihre aktuelle Kompetenz ein, Ihre Energie zu managen?

Lesen Sie die Beschreibungen der drei Kompetenz-Niveaus durch und kreuzen Sie an, wie Sie sich aktuell einschätzen. Eine Orientierung gibt Ihnen Ihr Testergebnis von Seite 29.

Wo stehen Sie?	Kompetenz-Niveau	Daran erkennen Sie das Niveau Ihrer Kompetenz, Ihre Energie zu managen
☐	niedrig	Sie erkennen nicht wirklich den Zusammenhang, wie körperliche Fitness psychische Prozesse beeinflusst; denken kaum daran, den körperlichen Ausgleich zur kognitiven Beanspruchung zu praktizieren; suchen selten nach Möglichkeiten, sich auch in Stress-Situationen zu entspannen.
☐	mittel	Sie achten im Großen und Ganzen auf das eigene Befinden; wissen, dass es wichtig ist, körperliche Vitalität für eine optimale Leistungsfähigkeit zu nutzen; sind aber nur manchmal so konsequent, sich mehr zu bewegen, öfter zu entspannen und gesünder zu ernähren.
☐	hoch	Sie gehen bewusst mit Ihrem Körper um, nutzen ihn als Ressource für psychische Leistungsfähigkeit und allgemeines Wohlergehen; leben nach dem Motto „Bewegung hilft, mich besser zu fühlen"; glauben, dass Körper und Geist erst dann ihr volles Potenzial entfalten können, wenn Sie beide wirksam führen.

Entspannung: Schlafen als entscheidende Energiequelle

Wenn Sie leistungsfähig und körperlich fit bleiben möchten, ist eines besonders wichtig: Achten Sie auf Ihren Schlaf! Nach Phasen der Aktivität braucht es Ruhephasen, um die Batterien wieder aufzuladen. Wer genug schläft, lebt im Wachzustand doppelt. Testen Sie den Unterschied zwischen einer Woche, in der Sie von Tag zu Tag ein wachsendes Schlafdefizit aufbauen, und einer Woche, in der Sie jede Nacht genug schlafen.

Bewegung mit Sofort-Effekt: Das A und O für geistige Fitness

Körper und Geist können erst dann Synergien erzeugen, wenn physische und psychische Potenziale ausgewogen zur Geltung kommen. Deshalb ist Bewegung für den Organismus wichtig. Die Wirkung körperlicher Aktivität auf das Gehirn ist durch die Hirnforschung nachgewiesen. Das Gehirn wird besser durchblutet, Bewegung verbessert die Sauerstoffversorgung und wirkt sich positiv auf die Konzentrationsfähigkeit aus. Parallel sinkt der Stresshormonspiegel, die Neubildung von Nervenzellen wird angeregt, und es werden vermehrt Botenstoffe produziert, die Informationen von einer Nervenzelle zur anderen weiterleiten. Vor allem die Konzentration der Botenstoffe Serotonin, Dopamin und Noradrenalin wird bewegungsbedingt erhöht.

Ein Mehr an Botenstoffe kann Auslöser für gesteigerte Aktivität sein. Ein Mangel kann Antriebslosigkeit und Unlust hervorrufen. Hier schließt sich der Kreis: Sich selbst zu führen und für hinreichend körperliche Bewegung zu sorgen, hat positive Effekte, denn Bewegung fördert Gehirn-, Lern-, Gedächtnis- und Verhaltensleistungen.

Ernährung: Auf das Bewusstsein kommt es an

Über wenige Themen wird so viel diskutiert wie über die richtige Ernährung. Low Carb, High Carb, Low Fat, High Fat, vegan, vegetarisch … Es gibt praktisch keine Ernährungsform, die nicht propagiert wird. Oft ist Ernährung ein heikles Thema, weil entsprechende Empfehlungen als moralisierend oder bevormundend empfunden werden. In erster Linie ist es jedoch wichtig, dass Sie ein Bewusstsein dafür entwickeln, was, wie und wie viel Sie essen. Menge und Qualität der Nahrung, die Sie zu sich nehmen, können dazu beitragen, die Fitness und Leistungsfähigkeit des Organismus spürbar zu verbessern. Das eigene Essverhalten nachhaltig zu verändern, gehört für viele Menschen zu den größeren Herausforderungen ihres Lebens. Starten Sie deshalb in kleinen Schritten und machen Sie sich vor allem bewusst, was Sie tun.

Vier Methoden, wie Sie Ihr körperliches Leistungsvermögen steigern

1. Erstellen Sie Ihr individuelles Wohlfühlquadrat

Ebenso individuell wie das Wohlfühlen selbst, sind auch die Aktivitäten und Methoden, wie man das eigene Wohlbefinden aufrechterhalten oder steigern kann. Aus diesem Grund hilft es, sich das eigene Wohlfühlen bewusst zu machen. Nutzen Sie dafür unsere Wohlfühlquadrat-Methode.

▌ Erstellen Sie sich Ihr persönliches Wohlfühlquadrat, indem Sie ein Blatt in vier Felder teilen.

▌ Notieren Sie in jedem der vier Felder Ihres Wohlfühlquadrats etwas, was Sie für Ihr Wohlbefinden bereits tun, oder auch etwas, was Sie zukünftig tun könnten oder tun möchten.

▌ Überlegen Sie, wie sich diese Vorhaben im Alltag konkret umsetzen lassen und konzentrieren Sie sich auf diese vier Themen. So wird die Umsetzungswahrscheinlichkeit höher, als wenn Sie 20 Themen parallel angehen.

2. Machen Sie Ihre Body-Checkliste

Erstellen Sie eine Liste mit allen Kriterien, die Sie mit „körperlich fit und leistungsfähig" in Verbindung bringen. Bewerten Sie, ob Sie Ihre eigenen Kriterien erfüllen (mit „ja", „nein", „teilweise"). Machen Sie sich anschließend Gedanken darüber, was Sie unternehmen möchten, um bei mehr Kriterien mit „ja" antworten zu können. Überlegen Sie aber auch, was Sie weglassen könnten. Vielleicht gibt es ein Kriterium, das Sie von anderen übernommen haben, aber gar nicht als sinnvoll erachten oder nicht wirklich realisieren möchten.

3. Nutzen Sie mindestens einmal täglich die Energie-Ampel

Nehmen Sie sich mindestens einmal am Tag Zeit und fragen Sie sich: „Wie geht es mir momentan? Habe ich ausreichend Energie?" Stellen Sie sich zur Beantwortung der Frage eine Ampel vor. Überlegen Sie, was Sie ändern können, wenn Sie sich im gelben oder roten Bereich befinden.

Rot: Alarmstufe rot. Ich bin am Ende meiner Kräfte und habe keine Energie mehr.

Gelb: Es wird kritisch. Ich merke, dass meine Kraftreserven schwinden und meine Energie nachlässt.

Grün: Alles im grünen Bereich. Ich fühle mich körperlich fit und leistungsfähig.

4. Visualisieren Sie Ihre persönliche Energiekurve

Menschen haben unterschiedliche Biorhythmen. Während die einen morgens um sechs ihre wichtigsten Projekte angehen, brauchen die anderen mindestens noch zwei Stunden Schlaf. Wenn Sie Ihren eigenen Rhythmus kennen, können Sie daraus wertvolle Schlüsse für die Gestaltung Ihres Alltags ziehen. Probieren Sie eine Woche lang Folgendes aus: Sie stellen sich jede Stunde die Energie-Ampel-Frage. Von der vollen Stunde, zu der Sie aufstehen, bis zur Stunde, wenn Sie ins Bett gehen. Schauen Sie dann am Ende der Woche: Wo sind Ihre grünen Phasen? Das sind Ihre Leistungshochs. Bearbeiten Sie hier Ihre wichtigsten Projekte und Vorhaben.

Wenn Sie kaum grüne Phasen haben, überlegen Sie, was Sie an Ihrer Tagesstruktur verändern können, zum Beispiel früher ins Bett gehen, früher aufstehen, später Mittagessen oder frische Luft in der Mittagspause tanken.

Aktion: Reflektieren Sie Ihre Kompetenz, Ihre Energie zu managen

Wie energiegeladen fühlen Sie sich zurzeit?

ohne
Energie
voller
Energie

Welche Schwierigkeiten begegnen Ihnen im Alltag häufig?

☐ Ich fühle mich antriebsarm oder lustlos.

☐ Ich bin mit meinen Aufgaben überfordert.

☐ Ich habe keinen Ausgleich zu meiner geistigen Tätigkeit, um mich körperlich wieder vital zu fühlen.

☐ Es fehlt mir an Kraft und Energie, um das, was ich mir vorgenommen habe, umsetzen zu können.

☐ Ich weiß nicht genau, wann am Tag ich am leistungsfähigsten bin.

☐ Ich weiß nicht genau, wie ich mich gesünder ernähren kann.

☐ Ich achte selten darauf, mich ausreichend zu bewegen.

☐ Ich kenne keine Entspannungstechniken, die ich auf Abruf nutzen kann.

Wie zufrieden sind Sie aktuell mit Ihrer körperlichen Vitalität in den drei wichtigsten Bereichen?

Bewegung

unzufrieden
zufrieden

Entspannung

unzufrieden
zufrieden

Ernährung

unzufrieden
zufrieden

Was möchten Sie beibehalten?

Was möchten Sie verändern?

Zusammenfassung der Strategie „Energie managen"

Menschen mit hoher Kompetenz, ihre physische Energie zu managen, sind in der Lage, sich ausreichend körperlich zu bewegen, regelmäßig zu entspannen und bewusst zu ernähren.

➜ Mit dieser Strategie verbessern Sie Ihre vitale Selbstführung:

I Sie lernen, wie Sie Energie durch körperliche Bewegung tanken.

I Sie steigern Ihre Leistungsfähigkeit durch regelmäßige Entspannungsphasen.

I Sie verbessern Ihre allgemeine Vitalität durch bewusste und gesunde Ernährung.

 Effektivitätstipps:

I Betrachten Sie Ihren Körper als aktiven Mitgestalter des mentalen Geschehens. Menschen, die Selbstführung ausschließlich beim Denken praktizieren wollen, schöpfen ihr Potenzial nicht vollständig aus. Körperliche Fitness und geistiges Leistungsvermögen hängen eng miteinander zusammen. Machen Sie sich diese Verbindung zunutze.

I Achten Sie gerade in belastenden Situationen auf Ihren Körper. Es besteht keine klare Trennung zwischen Körperempfindungen und Emotionen. Wenn Sie also in schwierige oder stressige Situationen kommen, achten Sie auf Ihre Körperhaltung. Vielleicht ist Ihre Mutlosigkeit selbst gemacht, und zwar durch eine gekrümmte Körperhaltung.

I Sagen Sie sich nicht, was Sie nicht wollen, sondern was Sie wollen, wenn es um Ihre körperliche Fitness geht. Eine positive Zielvorstellung aktiviert Ihre Willenskraft, die Sie benötigen, um Ihr Vorhaben zu realisieren. So werden im Gehirn die neuronalen Netze aktiviert, die Sie bei der Zielverwirklichung unterstützen.

Daran können Sie Ihre Kompetenz-Steigerung erkennen:

☐ Sie können sich besser konzentrieren und verspüren mehr Energie und innere Entspannung.

☐ Sie treten in Dialog mit Ihrem Körper und achten bewusst auf Botschaften, die Ihr Körper aussendet.

☐ Sie erstellen Ihr eigenes Wohlfühlprogramm und erkennen die Auswirkungen der Bewegung auf Ihre Leistungsfähigkeit.

☐ Sie zeigen mehr Durchhaltevermögen bei der Veränderung Ihrer Ernährung.

„Ich kann mich nur selbst steuern, wenn ich begriffen habe, wie ich ticke."

Burkhard Bensmann

Selbstführung und Persönlichkeit

Wir haben Ihnen nun bereits viele Methoden und Techniken der Selbstführung vorgestellt. Doch diese Strategien funktionieren nicht automatisch bei jedem gleich gut – das können sie gar nicht. Schließlich hat jeder Mensch eine einzigartige Persönlichkeit, individuelle Stärken und Abneigungen, einen ganz eigenen Zugang zum Ich. Genau das macht Selbstführung so spannend.

Wenn Sie sich selbst effektiv führen möchten, bedeutet das, dass Sie Verantwortung für Ihr Denken, Fühlen und Handeln und für Ihren Körper übernehmen müssen. Das eröffnet neue Perspektiven. Sie entdecken Fähigkeiten und Talente und können sich erfolgreicher mit den komplexen Anforderungen Ihres Lebens auseinandersetzen.

Das fällt manchen Menschen schwerer und anderen leichter. Einige selbstführungs-relevanten Eigenschaften sind tief in der Persönlichkeit verankert und erleichtern oder erschweren es, Selbstführungs-Kompetenz zu erwerben oder zu entwickeln.

Machen Sie hier einen Schnell-Check, welcher Selbstführungs-Typ Sie sind.
Schritt 1: Haken Sie zu den sieben Satzanfängen jeweils die Option zur Fortführung des Satzes an, die Ihnen am ehesten entspricht (✔). Entscheiden Sie sich immer nur für eine der vier Aussagen.
Schritt 2: Zählen Sie pro Spalte – von oben nach unten – Ihre gesetzten Häkchen zusammen. Vergeben Sie für jedes Häkchen einen Punkt. Tragen Sie die Gesamtpunktzahl in die jeweiligen Spalten ein. Auf den nächsten Seiten finden Sie die Auswertung.

Der Schnell-Check:
Welcher Selbstführungs-Typ sind Sie?

1. Wenn ich ein schwieriges Problem angehe …

☐ … bin ich davon überzeugt, dass ich es lösen kann.

☐ … versuche ich, das Ganze auf angenehme Art und Weise hinter mich zu bringen.

☐ … weiß ich oft nicht, wo ich anfangen soll.

☐ … lege ich erst los, wenn ich alle notwendigen Schritte durchdacht habe.

2. Wenn ich an meine Ziele denke …

☐ … habe ich eine klare Vorstellung davon, was ich erreichen möchte.

☐ … blicke ich optimistisch in die Zukunft und hoffe, sie verwirklichen zu können.

☐ … weiß ich zwar, was ich will, aber nicht, wie ich es verwirklichen kann.

☐ … weiß ich, warum ich sie verwirklichen möchte.

3. Wenn mir etwas Wichtiges immer wieder misslingt …

☐ …strenge ich mich noch mehr an, um mein Ziel trotzdem zu erreichen.

☐ … bin ich schnell genervt und handle oft übereilt.

☐ … bin ich schnell entmutigt und beginne, an meinem Ziel zu zweifeln.

☐ … beginne ich, meine Fähigkeiten zu hinterfragen.

4. Wenn ich mein Verhalten ändern möchte …

☐ … überlege ich nicht lange und setze meinen Entschluss in die Tat um.

☐ … orientiere ich mich an Menschen, die das Verhalten beherrschen.

☐ … probiere ich das neue Verhalten zunächst im vertrauten Umfeld aus.

☐ … mache ich mir einen konkreten Plan, wie ich vorgehen werde.

5. Wenn meine Motivation nachlässt …

☐ … werde ich ungeduldig und setze alles daran, schnell zum Ergebnis zu kommen.

☐ … verliere ich schnell das Interesse und wende mich anderen Aufgaben zu.

☐ … bemühe ich mich umso mehr, mein Vorhaben durchzuziehen.

☐ … mache ich mir übermäßige Gedanken, ob ich das Ganze überhaupt zu Ende bringen kann.

6. Wenn ich mein Arbeitsumfeld selbst gestalte, sorge ich für …

☐ … größere Handlungs- und Entscheidungsspielräume.

☐ … kreative und inspirierende Impulse.

☐ … eine freundliche und kollegiale Arbeitsatmosphäre.

☐ … Klarheit, geregelte Abläufe und Strukturen.

7. Wenn etwas schiefgeht …

☐ … reagiere ich schnell und bestimmt.

☐ … reagiere ich emotional, hake die Sache dann aber schnell ab.

☐ … bin ich verunsichert und weiß zunächst nicht, wie ich reagieren soll.

☐ … ziehe ich mich zurück und suche die Fehler bei mir selbst.

Anzahl der Kreuze pro Spalte

1		2		3		4	

Auswertung: Identifizieren Sie Ihren Selbstführungs-Typ

Sie haben den Schnell-Check ausgefüllt und Ihre Punkte zusammengezählt. Jetzt geht es darum, Ihren Selbstführungs-Typ zu identifizieren.

Schritt 1: Füllen Sie die Auswertungsbox „Selbstführungs-Typ" aus.

Übertragen Sie die Anzahl der Häkchen von Seite 97 in die Tabelle.

Auswertungsbox „Selbstführungs-Typ"				
Spalten von Seite 97	**Spalte 1**	**Spalte 2**	**Spalte 3**	**Spalte 4**
Gesamtsumme der gesetzten Häkchen	**1**	**2**	**3**	**4**
Die vier Selbstführungs-Typen	**Selbst-führungs-Generalist**	**Selbst-führungs-Aktivist**	**Selbst-führungs-Spezialist**	**Selbst-führungs-Analyst**

Schritt 2: Erstellen Sie Ihr Selbstführungs-Typ-Diagramm.

Übertragen Sie die Werte aus jeder der vier Spalten der Auswertungsbox in das Selbstführungs-Typ-Diagramm. Setzen Sie jeweils an der Stelle, die dem Wert entspricht, ein Kreuz und verbinden Sie die vier Kreuze miteinander.

Selbstführungs-Typ-Diagramm			
Selbst-führungs-Generalist 1	**Selbst-führungs-Aktivist 2**	**Selbst-führungs-Spezialist 3**	**Selbst-führungs-Analyst 4**
7			
6			
5			
4			
3			
2			
1			
0			

Beispiel:

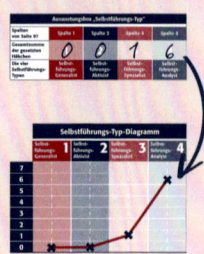

Schritt 3: Erkennen Sie Ihren Selbstführungs-Typ.

Kreuzen Sie den Typ (1, 2, 3 oder 4) mit dem höchsten Punkt im Diagramm an. Dieser Selbstführungs-Typ ist bei Ihnen am stärksten ausgeprägt.

Folgender Typ ist bei mir
am stärksten ausgeprägt:

Schritt 4: Lesen Sie die Beschreibung Ihres primären Selbstführungs-Typs.

In der Tabelle auf der folgenden Seite finden Sie eine Spalte, die Ihrem am stärksten ausgeprägten Selbstführungs-Typ (höchster Punkt im Diagramm) entspricht. Machen Sie sich mit den Inhalten vertraut. Lesen Sie dann die persönlichkeitsbezogenen Tipps ab Seite 102 und überlegen Sie, was Sie umsetzen möchten.

Was möchten Sie umsetzen?

Schritt 5: Machen Sie sich mit den anderen Selbstführungs-Typen vertraut.

Ist bei Ihnen nur ein Punkt hoch ausgeprägt oder sind es mehrere? Sollten Sie in mehreren Spalten hohe Werte haben, kreisen Sie auch diese Selbstführungs-Typen ein. Denn diese können ebenfalls Einfluss auf Ihre Selbstführung haben. Niedrige Werte deuten hingegen darauf hin, dass der entsprechende Typ keine bedeutende Rolle in Ihrer persönlichen Selbstführung spielt.

Ebenfalls eine **hohe Ausprägung**
haben bei mir folgende Typen:

Die 4 Selbstführungs-Typen

	Typ 1: Der Selbstführungs- Generalist	Typ 2: Der Selbstführungs- Aktivist	Typ 3: Der Selbstführungs- Spezialist	Typ 4: Der Selbstführungs- Analyst
Fokus	▌ Sucht neue Herausforderungen ▌ Möchte Erfolge erzielen ▌ Strebt nach Fortschritt	▌ Sucht Akzeptanz und Anerkennung ▌ Möchte Status erzielen ▌ Strebt nach Abwechslung	▌ Sucht Verlässlichkeit durch Freundlichkeit ▌ Möchte Sicherheit ▌ Strebt nach Authentizität	▌ Sucht Gerechtigkeit und Fairness ▌ Möchte Gründlichkeit ▌ Strebt nach Strukturen
Stärken	▌ Kennt die eigenen Ziele ▌ Nimmt Risiken in Kauf ▌ Beseitigt Hindernisse ▌ Formt das eigene Umfeld	▌ Integriert Emotionen in die Entscheidungsfindung ▌ Ermutigt sich und andere ▌ Zeigt Engagement	▌ Organisiert sich gut ▌ Ist kompromissbereit und anpassungsfähig ▌ Ist konsequent	▌ Beurteilt Situationen objektiv ▌ Geht logisch und sachlich an Probleme heran ▌ Analysiert Hindernisse
Stolpersteine	▌ Will sich behaupten ▌ Hat zu viele Ambitionen ▌ Ist zu ungeduldig mit sich selbst und anderen ▌ Vermeidet Routine ▌ Überschätzt die eigenen Ressourcen	▌ Ist sprunghaft ▌ Plant zu optimistisch ▌ Übersieht Daten und Fakten, handelt zu impulsiv ▌ Lässt sich leicht ablenken ▌ Arbeitet unstrukturiert und verzettelt sich	▌ Vermeidet Unsicherheiten ▌ Hat Schwierigkeiten, sich abzugrenzen ▌ Zeigt sich bei abrupten Veränderungen irritiert ▌ Vernachlässigt die eigenen Bedürfnisse	▌ Vermeidet Fehler ▌ Verliert sich in Einzelheiten und Details ▌ Reagiert kritisch, wenn andere sich einmischen ▌ Ist unter Druck beunruhigt ▌ Entscheidet zu sorgfältig
Ressourcen	▌ Leistungsmotivation ▌ Risikobereitschaft ▌ Visionäres Denken	▌ Offenheit für Neues ▌ Kreativität ▌ Chancendenken	▌ Ausdauer und Geduld ▌ Konsequentes Handeln ▌ Kooperatives Denken	▌ Selbstverpflichtung ▌ Verlockungsresistenz ▌ Rationales Denken
Persönlichkeitsbezogene Tipps	▌ Seite 102	▌ Seite 104	▌ Seite 106	▌ Seite 108

Aktion: Reflektieren Sie Ihren Selbstführungs-Typ

Wie gut haben Sie sich in Ihrem Selbstführungs-Typ wiedergefunden?

Was waren Ihre wichtigsten Erkenntnisse zu „Selbstführung und Persönlichkeit"?

Welche persönlichkeitsbezogenen Tipps möchten Sie in Zukunft umsetzen?

Selbstführungs-Generalist (Typ 1): Persönlichkeitsbezogene Tipps

Für Ihr DENKEN

ZIELE SETZEN:

Sie suchen kontinuierlich nach neuen Herausforderungen. Sie wollen alles erreichen, am liebsten sofort. Wenn Sie in Ihren Zukunftsvorstellungen Mehrwert sehen, entscheiden Sie sich zügig dafür, forcieren den Lauf der Dinge jedoch zu schnell – vor allem für andere. Überprüfen Sie Ihre Ziele auf ihre Machbarkeit: Haben Ihre Projekte reale Chancen auf Umsetzung? Vielleicht überschätzen Sie Ihre eigene Energie und Ihre Kräfte sowie Ihre Ressourcen und Kapazitäten?

WILLENSKRAFT AKTIVIEREN:

Sobald Sie etwas als notwendig erkannt haben, legen Sie los. Sie arbeiten hart, um Ihre Ziele zu erreichen, machen vielleicht Überstunden, überfordern sich selbst und achten wahrscheinlich zu wenig auf den Preis, den Sie dafür zahlen müssen. Oft stellen Sie Leistungen über Bedürfnisse. Ihr Einsatz macht Sie vielleicht erfolgreich, ist aber auf Dauer auch anstrengend. Nehmen Sie öfter Ihre Bedürfnisse wahr – diese brauchen Ihre Aufmerksamkeit und Ihre Zuwendung.

Für Ihr Fühlen

MOTIVATION FINDEN:

Sie sind leistungsmotiviert und brauchen kaum Antrieb von außen, um den Einsatz zu zeigen, der für Ihre Zielverwirklichung notwendig ist. Erfolge oder Selbstachtung sind für Sie Belohnung genug, um Ihre Motivation aufrechtzuerhalten. Diese Haltung haben Sie inzwischen verinnerlicht. Vielleicht lohnt es sich, vermehrt Situationen aufzusuchen, die eher Ihren Bauch als Ihren Kopf ansprechen. Erkennen Sie auch kleine, für Sie scheinbar unbedeutende Meilensteine bei der Zielverfolgung an und belohnen Sie sich selbst dafür.

EMOTIONEN REGULIEREN:

Ob gewollt oder ungewollt – Gefühle gehören zu den ständigen Begleitern Ihres Denkens und Handelns. Sie wirken vielleicht souverän, müssen aber oft gegen Gefühle wie Ungeduld, Ärger oder Wut ankämpfen. Nicht Sie, sondern Ihre Gefühle haben dann das Sagen. Überlegen Sie: Was machen diese Gefühle mit Ihnen? Wie wär's, wenn Sie eine emotional schwierige Situation einmal aus der Vogelperspektive betrachten?

Für Ihr HANDELN

UMFELD GESTALTEN:

Für Sie ist es wichtig, Ihr Umfeld aktiv zu gestalten und neue Spielräume für Veränderungen zu erschließen. Vermutlich gehören Sie zu den Menschen, die man „eher bremsen als anschieben" muss. Sie mögen es, Strukturen immer und immer wieder zu verändern und Prozesse zu optimieren. Überlegen Sie, ob eine gewisse Kontinuität in dem einen oder anderen Arbeitsbereich doch von Vorteil wäre.

VERHALTEN ANPASSEN:

Sie sind in Ihrem Verhalten flexibel und passen es an neue Herausforderungen an. Dabei gehen Sie handlungsorientiert vor und ärgern sich, wenn Ihr Verhalten nicht zu dem erwünschten Ergebnis führt. Die Ursachen dafür suchen Sie zu oft in den Umständen und zu wenig bei Ihnen selbst. Beobachten Sie die Wirkung Ihres ungünstigen Verhaltens: Wie reagiert Ihr Umfeld? Was löst Ihr Verhalten bei Ihnen selbst aus? Nehmen Sie die Rückmeldungen anderer an, ohne sie zu bewerten.

Für Ihre *ENERGIE*

ENERGIE MANAGEN:

Ihre geistige Inspiration schöpfen Sie oft aus Ihren körperlichen Betätigungen. Ihr Streben nach Leistung wirkt dabei für Sie motivierend. Manchmal neigen Sie jedoch dazu, sich zu verausgaben: Sie treiben vielleicht Sport, aber mit übertriebenem Einsatz. Sie achten vielleicht bewusst auf Ihre Ernährung, treten dabei aber in einen regelrechten Wettkampf mit sich selbst. Nehmen Sie Signale, die Ihr Körper Ihnen sendet, bewusster wahr. Achten Sie verstärkt auf innere Anspannungen. Tun Sie Dinge, bei denen Sie wirklich abschalten können.

Selbstführungs-Aktivist (Typ 2): Persönlichkeitsbezogene Tipps

Für Ihr DENKEN

ZIELE SETZEN:

Ständig begegnen Ihnen attraktive Zielvorstellungen, sodass Sie zu jeder Idee spontan „Yes!" sagen (möchten). Sie machen unzählige Zusagen und nehmen alle Aufgaben an, die Sie interessant und spannend finden. Und das sorgt für inneres Chaos. Räumen Sie Ihre Ziele auf und fragen Sie sich: Ist das wirklich das, was ich möchte? Prüfen Sie Ihre Ziele kritisch und begrenzen Sie Ihren Drang, sich ständig noch Neuerem und noch Interessanterem zu widmen. Das raubt Ihnen Energie und Zeit.

WILLENSKRAFT AKTIVIEREN:

Verbissen hinter Erfolgen herjagen? Das ist nicht Ihr Ding. Sie brauchen Zeit und Raum, um zu leben und zu genießen. Das wirkt vielleicht sympathisch, bringt Sie persönlich aber nicht wirklich weiter. Denn oft sind Sie hin- und hergerissen: Einerseits wollen Sie attraktiven Verlockungen nachgehen. Gleichzeitig müssen Sie an Aufgaben dranbleiben, die zwar wichtig sind, aber dennoch liegen bleiben. Fragen Sie sich: Ist die Verlockung es wirklich wert? Entscheiden Sie sich, priorisieren Sie neu und stehen Sie zu Ihrer Entscheidung.

Für Ihr Fühlen

MOTIVATION FINDEN:

Sie tun vieles, um Anerkennung zu erhalten und andere zu beeinflussen. Sie erhalten also Antrieb von außen, was jedoch problematisch werden kann, wenn Sie mehr und mehr Energie und Kraft dafür aufbringen müssen, Ihren Status zu bewahren und Bestätigung zu erhalten. Finden Sie heraus, welche Anreize in Ihren Aufgaben selbst stecken, z. B. interessante Inhalte oder neue Lernmöglichkeiten. Wenn Sie wissen, weshalb es sich lohnt, sich zu bemühen, steigen Ihre Eigenmotivation und Ihre Zielbindung.

EMOTIONEN REGULIEREN:

Mit Ihrer positiven Grundhaltung streben Sie danach, angenehme Gefühle mit Ihren Zielen zu verknüpfen. Wenn Sie in gewissen Situationen schnell beleidigt sind und sich dadurch selbst im Wege stehen, haben Sie es mit Mustern zu tun, die Sie sich antrainiert haben. Nehmen Sie Einfluss auf Situationsmerkmale, die unerwünschte Emotionen auslösen. Fragen Sie sich, was Sie an der Situation ändern können. Ergreifen Sie die Initiative.

Für Ihr HANDELN

UMFELD GESTALTEN:

Das Umfeld bringt Sie immer wieder in die Zwickmühle: Einerseits engagieren Sie sich für viele neue Ideen und Chancen und wollen dabei auch nichts verpassen. Anderseits sind Sie innerlich angespannt: Sie kommen einfach nicht hinterher. Folgen Sie daher vor allem den Anregungen aus Ihrem Umfeld, die zu Ihren aktuellen Bedürfnissen und zu Ihren langfristigen Zielen passen und die Sie wirklich voranbringen.

VERHALTEN ANPASSEN:

Wenn Sie Ihr Verhalten ändern wollen, dann tun Sie das meist spontan und aus der Situation heraus. Sie probieren ständig etwas Neues aus, sind aber vorschnell frustriert, wenn Ihr Verhalten nicht die gewünschte Nachhaltigkeit zeigt. Definieren Sie daher, am besten schriftlich, wie Sie sich in Zukunft in bestimmten Situationen verhalten wollen. Stecken Sie sich Zwischenziele, mit denen Sie das neue Verhalten – und die dazugehörende neue Denkweise – Schritt für Schritt umsetzen.

Für Ihre ENERGIE

ENERGIE MANAGEN:

Sie sind von Natur aus aktiv. Deshalb legen Sie auch großen Wert auf körperliche Betätigung. Wenn Sie Sport treiben, dann wollen Sie Spaß haben und dabei Ihre Beziehungen pflegen. Bei Ihrer Ernährung folgen Sie neuen Tipps und probieren gern Rezepte aus. Denken Sie darüber nach, wie Sie Ihre körperliche Fitness und physische Leistungsfähigkeit langfristig aufrechterhalten können. Aber Vorsicht: Manchmal ist weniger mehr. Sorgen Sie für Balance zwischen Anspannungs- und Entspannungsphasen und planen Sie in Ihrem Alltag Ruhephasen ein, um Ihren Energietank wieder aufzufüllen.

Selbstführungs-Spezialist (Typ 3): Persönlichkeitsbezogene Tipps

Für Ihr DENKEN

ZIELE SETZEN:

Sie haben Wunschvorstellungen, die Sie verwirklichen möchten. Dennoch haben Sie oft Ziele im Visier, die eher etwas über den Einfluss anderer aussagen als über Sie selbst. So können Sie jedoch keine starke Zielbindung entwickeln. Leiten Sie stattdessen wirksame Annäherungsziele aus Ihren eigenen Wünschen ab – Ziele, die Ihren persönlichen Bedürfnissen entsprechen, die Motivationskraft enthalten und Sie zum Handeln animieren. Denken Sie mit allen Sinnen an den angestrebten Sollzustand.

WILLENSKRAFT AKTIVIEREN:

Wenn Sie sich etwas in den Kopf gesetzt haben, gehen Sie engagiert und organisiert vor. Allerdings neigen Sie dazu, sich zu verausgaben, oder Sie beginnen, an sich zu zweifeln, wenn sich Widerstände auftun. Sie streben danach, Ihr vorher gut geplantes Wenn-dann-Szenario umzusetzen. Neue Umstände rufen nach einer Planänderung. Lassen Sie mehr Flexibilität zu und überprüfen Sie Ihren Kurs auf Aktualität und Angemessenheit. Hinterfragen Sie Zweifel, die die Umsetzung Ihres Vorhabens blockieren.

Für Ihr Fühlen

MOTIVATION FINDEN:

Ihre Motivationskraft ziehen Sie eher aus der gemeinsamen Arbeit an einem Ziel, weniger aus Belohnungen, die mit der Zielerreichung zusammenhängen. Sollten Sie in Ihren Bemühungen auf dem Weg zum Ziel jedoch mehrfach Enttäuschungen erleben, reagieren Sie verunsichert und verlieren die Lust an der Sache. Probieren Sie es, positive Selbstgespräche zu führen – besonders dann, wenn es schwierig wird. Dadurch steigt Ihre Eigenmotivation. Visualisieren Sie zudem Ihren Weg zum Ziel und gehen Sie ihn gedanklich Schritt für Schritt durch.

EMOTIONEN REGULIEREN:

Kennen Sie das? Nach einer wichtigen Entscheidung sind Sie unzufrieden und spüren im Bauch die Zweifel, ob Sie richtig gehandelt haben. Das kann an verdrängten Gefühlen liegen, die sich auf diese Weise melden und die Sie immer wieder in ähnliche Problemlagen drängen. Beobachten Sie solche Situationen und erkennen Sie die inneren Auslöser: Welche Ihrer Bedürfnisse werden vernachlässigt? Welches Gefühl drängt sich so nach außen?

Für Ihr HANDELN

UMFELD GESTALTEN:

 Sie verspüren wenig Antrieb, sich für die Gestaltung Ihrer Umgebung zu engagieren. Ihre Stärken sehen Sie darin, Bestehendes kontinuierlich fortzuführen. Auf Ihr Umfeld einzuwirken, würden Sie als Machtmissbrauch empfinden. Dabei könnten Sie, indem Sie kleinere Veränderungen innerhalb Ihres Einflussbereichs vornehmen, mehr Zufriedenheit und eine Steigerung Ihres Kompetenzgefühls erreichen.

VERHALTEN ANPASSEN:

Wenn Sie Ihre gewohnten Verhaltensweisen verlassen müssen, fühlen Sie sich zunächst unsicher. Sie lieben Gewohnheiten – machen Sie sich diese Tatsache zunutze. Wenn Sie ein unerwünschtes Verhalten loswerden wollen, dann heißt das: Definieren Sie das Zielverhalten bis ins Detail. Anschließend bleiben Sie dran und üben, üben, üben, bis Ihr Gehirn das neue Verhalten als bekannt und vertraut abspeichert. Neue Sicherheit kommt dann mit der Zeit.

Für Ihre ENERGIE

ENERGIE MANAGEN:

Es ist Ihnen wichtig, einen Ausgleich zu Ihrem Arbeitsalltag zu finden, der zu Ihnen passt. Sie wissen, dass körperliche Betätigung und Entspannung Ihrem Wohlbefinden guttun. Wenn Sie eine Methode für sich entdeckt haben, bleiben Sie konsequent dran, auch dann, wenn deren Wirkung allmählich nachlässt. Zögern Sie nicht, neue Wege oder neue Entspannungstechniken auszuprobieren. Das kann Ihnen auch in Zeiten hoher Belastung helfen, in denen Sie zu Nervosität und innerer Unruhe neigen. Gewinnen Sie Abstand zu Ihren Problemen und achten Sie vor allem auf eines: auf sich selbst.

Selbstführungs-Analyst (Typ 4): **Persönlichkeitsbezogene Tipps**

Für Ihr **DENKEN**	Für Ihr *Fühlen*
ZIELE SETZEN: Ihre Ziele leiten Sie primär von Ihren Idealen ab. Nicht selten übersteigen Ihre eigenen Ansprüche die Anforderungen von außen. Sie planen, verschieben, verwerfen, planen neu, korrigieren ... und verpassen dabei den richtigen Moment loszulegen. Wenn Sie die Zielerreichung zu detailliert angehen, überfordern Sie sich: Dann bleibt Ihnen kein Raum für Spontaneität, Unerwartetes oder Unvorhersehbares. Stellen Sie daher sicher, dass Ihre Ziele zu Ergebnissen und nicht zur Perfektion führen.	**MOTIVATION FINDEN:** Sie gehen in Ihrer Arbeit richtig auf, wenn Sie Ihr Spezialwissen einsetzen können und die Aufgaben Ihnen vernünftig, logisch und gut durchdacht erscheinen. Vielleicht wirken Sie regelrecht pflichtbesessen und arbeiten Tag und Nacht an einem Problem. Es wird schwierig, Ihre Eigenmotivation aufrechtzuerhalten, wenn Sie Dinge tun müssen, bei denen Sie sich z. B. inkompetent fühlen oder die mit Ihren Qualitätsansprüchen kollidieren. Achten Sie stärker auf Anreize, die zu Ihren Bedürfnissen passen und Ihnen Spaß machen. Auch das steigert Ihre Eigenmotivation.
WILLENSKRAFT AKTIVIEREN: Sie bringen hohe Selbstdisziplin mit und wollen Dinge perfekt zu Ende bringen, auch dann, wenn Schwierigkeiten zu erwarten sind. Deshalb fokussieren Sie Ihr volles Engagement auf Ihr Vorhaben, wägen alle Pros und Kontras für Ihren Umsetzungsplan sorgfältig ab und legen erst dann los, wenn Sie sich sicher sind, dass alles passt – bis ein großes Hindernis auftaucht und sich Dinge völlig anders entwickeln. Lassen Sie Eventualitäten zu. Denken Sie, wenn nötig, über alternative Lösungswege nach und zeigen Sie mehr Kompromissbereitschaft.	**EMOTIONEN REGULIEREN:** Machen Sie sich bewusst: Es ist nie das Ereignis, das Sie belastet oder lähmt, sondern immer die Wertung, die Sie einem Geschehen geben. Ihre oft skeptischen oder kritischen Bewertungen in Bezug auf sich selbst und andere ziehen Sie emotional in die Tiefe und wirken ungünstig auf Ihr Handeln. Sie selbst entscheiden, wie Sie sich fühlen wollen. Suchen Sie nach Aspekten, die Sie als angenehm empfinden und die Sie in schwierigen Situationen aufmuntern.

Für Ihr HANDELN

UMFELD GESTALTEN:

Sie agieren lieber in einem sehr strukturierten Umfeld mit klar vorgegebenen Gestaltungsrahmen. Das gibt Ihnen Stabilität, birgt allerdings die Gefahr, dass Sie sich fremdbestimmt fühlen und der Meinung sind, keinen Einfluss auf Ihr Umfeld nehmen zu können. Das ist ein Trugschluss. Die Chancen zur Einflussnahme sind gegeben, Sie müssen sie nur nutzen. Auch eine auf den ersten Blick unbedeutende Maßnahme kann positive Veränderungen anstoßen.

VERHALTEN ANPASSEN:

Wenn Sie sich für eine Verhaltensänderung entschieden haben, haben Sie gute Gründe dafür. Sie fokussieren sich voll darauf, planen die Umsetzung bis ins Detail und investieren (zu) viel Energie und Ressourcen in die Vorbereitung. Diese bedachte Vorgehensweise wirkt oft umständlich und zögerlich auf Ihre Umwelt. Erwarten Sie von sich selbst nicht zu viel auf einmal. Stellen Sie sich auf mögliche Fehler und Niederlagen ein, bis der Weg zum neuen Verhalten sicher gebahnt ist.

Für Ihre ENERGIE

ENERGIE MANAGEN:

Wenn Sie sich für körperliche Betätigung entscheiden, hat das meist mit Ihrer inneren Messlatte und Ihren Ansprüchen zu tun. Bewegung und Entspannung verhelfen Ihnen zu mehr Selbstbewusstsein und beeinflussen Ihr Erscheinungsbild positiv. Allerdings vernachlässigen Sie sportliche Aktivitäten schnell, wenn Ihnen alles plötzlich über den Kopf wächst. Sie verfallen dann in ungesunde Essrituale oder reagieren evtl. mit somatischen Beschwerden. Achten Sie auf Signale Ihres Körpers – nutzen Sie vorhandene Ressourcen und steuern Sie Ihren physischen Energiehaushalt bewusst.

„Wer andere führen will, muss sich selbst führen."

Pater Anselm Grün

Selbstführung in der Mitarbeiterführung

Ein Orchester ist ein gutes Beispiel dafür, wie ein Unternehmen funktionieren kann: Der Dirigent gibt den grundlegenden Takt an, er koordiniert, er hat den Überblick, er weist auf einen Einsatz hin. Aber das Zusammenspiel kann nur gelingen, wenn es ein gemeinsames Musikstück gibt und wenn sich jeder an die Regeln hält. Jeder Musiker beherrscht sein Instrument. Er ist gleichzeitig aber auch begrenzt in dem, was er damit machen kann. Trotzdem oder gerade deshalb funktioniert das Ganze.

In Japan gibt es jedes Jahr an Weihnachten ein Konzert, bei dem 10000 Sänger aus dem ganzen Land gemeinsam in einem Stadion die „Ode an die Freude" singen. Das Zusammenspiel von Chor und Orchester funktioniert, weil jeder seinen Part kennt, dem Dirigenten folgt und seinen Beitrag zum Ganzen leistet. Alle Rollen, Stimmen und musikalischen Vorgaben stehen fest. Keiner kann machen, was er will. Alle Musiker und Sänger proben. Monatelang in kleinen Gruppen und dann über Wochen alle zusammen. Bis es sitzt.

Wer schon einmal in einem Jazz-Club war, hat genau das Gegenteil erlebt. Drei Musiker spielen – Schlagzeug, Klavier und Bass, teilweise im Wechsel. Die Führung wechselt. Im Publikum sitzt ein Musiker mit Trompete und steigt spontan in das Spiel ein. Frei improvisiert, ohne Proben, schnelle Wechsel. Die Voraussetzung ist, dass er die Harmonik des Jazz beherrscht.

Die alte Unternehmenswelt – wie ein Orchester

Traditionell funktionieren Unternehmen wie ein Orchester: Jede Note steht auf dem Blatt. Jeder weiß, was sein Part ist und was er zu spielen hat. Individuelle Freiheiten sind eingeschränkt. Das Zusammenspiel gelingt nur, wenn jeder das spielt, was die Partitur vorsieht. Und es kann dauern, bis ein Stück so klingt, wie es der Dirigent haben möchte.

Die neue Unternehmenswelt – wie eine Jazzband

Heute gilt: Hohes Tempo auf allen Ebenen. Rasche Entscheidungen. Schnelle Umsetzung. Permanente Weiterentwicklung. Schnelligkeit wird zum entscheidenden Wettbewerbsvorteil. Die neue Unternehmenswelt müsste eher wie eine Jazzband agieren. Wie eine Band, in der jeder Musiker innerhalb eines bestimmten Schemas improvisiert. In einer Jazzband kann durch Improvisieren sehr schnell und spontan immer neue Musik erzeugt werden – auch in hoher Qualität. Doch es gibt eben nicht mehr nur die eine Person, die alles vorgibt, kontrolliert und dirigiert.

Warum sich Führung so sehr verändert

Es geht in der heutigen Zeit mehr darum, Menschen einige grundlegende Prinzipien der Arbeit und Zusammenarbeit zu vermitteln und ihnen dann bei der Umsetzung dieser Prinzipien nicht im Weg zu stehen. Führungskräfte der Zukunft brauchen Mitarbeiter, die die Sache selbst in die Hand nehmen – unabhängig von ihrer Funktion und Position. Moderne Führungskräfte dürfen sich nicht an ihrer Positionsmacht festklammern. Wie wir mit Macht und Einfluss durch Führung umgehen, dürfte für das Überleben vieler Organisationen entscheidend sein.

Wer andere führen will, muss sich selbst führen können

Selbstführung ist für Führungskräfte essenziell. Und bringt auch riesige Vorteile! Wir haben etwa 50 bis 70 Tausend Gedanken pro Tag – bewusste und unbewusste. Das heißt: 18 Millionen Gedanken pro Jahr. Führungskräfte bekommen Hunderte von Nachrichten und Anfragen jeden Tag, die von ihnen Entscheidungen erfordern. Wenn Führungskräfte alle Entscheidungen auf sich ziehen, laufen sie Gefahr, zu viel zu arbeiten und aus dem Gleichgewicht zu geraten. Wer Menschen den Weg weisen will, muss daher Vorbild sein und wissen, wohin es geht. Dafür braucht es ein gesundes Maß an Selbstführung – nur so kann Mitarbeiterführung gelingen.

Super-Leadership: Selbstführungsfördernde Führung

Was genau ist eigentlich Super-Leadership? Ganz einfach erklärt ist Super-Leadership ein Führungskonzept, das auf dem Prinzip „Führen durch Befähigung der Mitarbeiter zur Selbstführung" beruht. Es geht also nicht darum, Führungskräfte zu fachlich hochkompetenten und alles verantwortenden Personen zu entwickeln, sondern darum, dass Führungskräfte ihre Mitarbeiter motivieren und befähigen, selbst Verantwortung zu übernehmen und Einfluss auszuüben (deshalb spricht man auch von „Empowering Leadership").

Die zentrale Botschaft

Henry P. Sims, ein Forscher im Bereich Super-Leadership, hat folgende zentrale Botschaft verbreitet: Wer ein erfolgreicher „Super-Leader" werden will, muss zunächst ein erfolgreicher „Self-Leader", das heißt Selbstführungs-Leader sein. Super-Leadership besteht zunächst in der erfolgreichen Vermittlung von Selbstführungs-Strategien an Mitarbeiter. Daher werden diese Strategien im Folgenden in den Fokus gerückt.

Die zwei Seiten von Super-Leadership

Führung zur Selbstführung hat zwei Seiten: Einerseits hat jede Führungskraft eine Vorbildfunktion, auch in Bezug auf ihre eigene Selbstführungs-Kompetenz. Um die Mitarbeiter nachhaltig zu fördern, muss die Führungskraft als Vorbild glaubwürdig und überzeugend sein. Andererseits hat selbstführungskompetentes Verhalten Auswirkungen, durch das die Mitarbeiter ermutigt werden, sich ebenfalls selbst zu führen.

Die Auswirkungen von Super-Leadership

Wenn es Ihnen als Führungskraft gelingt, sich selbstführungsfördernd zu verhalten, werden Sie zufriedener mit Ihrer Arbeit sein. Auch nimmt Ihre emotionale Bindung an das Unternehmen zu. Zudem fühlen sich Ihre Mitarbeiter wohler, sind engagierter, übernehmen mehr Verantwortung und zeigen bessere Leistungen. Studien, die der Zweitautor dieses Buchs durchgeführt hat, zeigen, dass es drei Führungsstile gibt, die die Selbstführung von Mitarbeitern fördern.

Drei Verhaltensstile für Super-Leadership

Verhaltensstil	Tipps für den Vorgesetzten	Erzielter Effekt bei den Mitarbeitern
Kommunikation und Coaching	Führen Sie Face-to-face-Dialoge mit den Mitarbeitern und hören Sie aktiv zu. Fragen Sie nach Lösungsvorschlägen und bieten Sie gleichzeitig Handlungsalternativen an. Bleiben Sie offen im Dialog und geben Sie nur Empfehlungen, keine Appelle oder Vorgaben. Nutzen Sie offene Fragen, zeigen Sie selbst Lernbereitschaft und unterstützen Sie selbstständiges Arbeitsverhalten. Helfen Sie den Mitarbeitern, Quellen intrinsischer Motivation zu entdecken, und versetzen Sie sie in die Lage, konstruktiv zu denken und zu handeln.	Die Mitarbeiter werden ermutigt und befähigt, sich anspruchsvolle Ziele zu setzen und diese zu erreichen – durch den kompetenten Einsatz der 7 Selbstführungs-Strategien.
Freiräume und Eigenverantwortung	Vergrößern Sie die Handlungs-, Entscheidungs- und Kooperationsspielräume der Mitarbeiter. Delegieren Sie Prozess- und Ergebnisverantwortung. Bieten Sie Weiterbildungschancen, die im Eigeninteresse der Mitarbeiter liegen. Schaffen Sie ein Umfeld, das Selbstführung durch geeignete Projekte und Tätigkeitsfelder ermöglicht.	Die Mitarbeiter lernen, Verantwortung zu übernehmen und Handlungen zielbezogen zu planen und auszuführen sowie Freiräume zu nutzen.
Vorbild sein für Lebensbalance	Leben Sie vor, dass Sie sich Zeit nehmen für sportliche Aktivitäten und Entspannungsphasen und dass Sie auf Ihre Ernährung achten. Gehen Sie auch mal früher in den Feierabend und antworten Sie im Urlaub nicht auf jede E-Mail. Bleiben Sie zu Hause, wenn Sie krank sind. Seien Sie ein nachahmenswertes Beispiel für körperliche Fitness, Gesundheit und Vitalität.	Die Mitarbeiter entwickeln ein Bewusstsein dafür, dass mentale Leistungen durch einen vitalen Organismus befeuert werden können.

Freiräume als Voraussetzung für Super-Leadership

Äußere Gegebenheiten können den Erfolg von Super-Leadership erleichtern – oder aber erschweren. Zum einen können es einschränkende Rahmenbedingungen sein, zum anderen aber auch selbst auferlegte innere Zwänge, die es schwieriger machen, vorhandene Handlungs- und Gestaltungsspielräume zu nutzen.

Wenn Kinder laufen lernen, geben sie nicht auf. Sie probieren es immer wieder, fallen hin, stehen wieder auf. So lange, bis es irgendwann klappt. Dieses ständige Probieren und Üben, bis es klappt, haben wir Erwachsenen jedoch oft bereits verlernt. Manche Menschen verlieren den Glauben, dass sie tatsächlich eigene Ziele erreichen können, vielleicht weil sie zu oft gehört haben, dass sie es eh nicht schaffen. Wenn uns das passiert, hat die Fremdbestimmung übernommen. Wir lassen uns von anderen sagen oder von den Umständen diktieren, was möglich oder unmöglich ist.

Oder ein Mensch hat gelernt, nur noch auf Zuruf zu reagieren und zu versuchen, Anforderungen von außen gerecht zu werden. Was die Person für sich selbst möchte, geht dabei verloren. Vielleicht verwirklicht sie sich dann außerhalb des Berufs. Wenn die Diskrepanz zwischen äußeren Anforderungen und innerem Wollen zu groß wird, kann das jedoch zu Beschwerden führen, bis hin zu gesundheitlichen Problemen.

Starkes versus schwaches Umfeld

Die Verhaltensspielräume von einzelnen Mitarbeitern und Arbeitsgruppen werden durch Organisationstrukturen mitbestimmt. Je nachdem, ob sich Personen oder Teams in einem eher stark oder einem eher schwach strukturierten Umfeld aufhalten, kann auch das Verhältnis von Selbst- und Fremdführung variieren.

Erwartungsdruck und äußere Anforderungen tragen oft dazu bei, dass Menschen eher reagieren, als selbst die Initiative zu ergreifen. Dabei geht oft verloren, was die Person eigentlich will oder sich wünscht.

	Starkes Umfeld	Schwaches Umfeld
Das Umfeld erscheint ...	... in hohem Maße strukturiert und reglementiert.	... offen und wenig reglementiert.
Äußere Erwartungen	Massiv	Weniger explizit oder verbindlich
Zwänge	Hoch	Gering
Beispiele	Stark hierarchisch; stark reglementierte Aufgabe, z. B. Fließband; hoher Zeitdruck oder rigide Vorgaben	Kollegiale Zusammenarbeit; Kommunikation mit Kunden; Projektaufträge mit reiner Zielvorgabe
Zusammenfassung	Es bleibt wenig Gestaltungsfreiraum, da alles durchorganisiert ist.	Der Weg ist individuell ausgestaltbar, wenig vorstrukturiert oder vorgeschrieben; Raum für eigenverantwortliches Handeln ist gegeben.
Auswirkung	Hemmung der Selbstführungs-Potenziale	Entfaltung der Selbstführungs-Potenziale

Machen Sie sich als Führungskraft bewusst, ob Sie sich beruflich in einem schwachen oder starken Umfeld bewegen, denn das hat Auswirkungen darauf, ob Sie Super-Leadership voll ausspielen können. Wenn Sie Einfluss nehmen können, dann nutzen Sie diesen, um hierarchische Strukturen, Prozesse und Abläufe in Ihrem Team und Ihrer Organisation „leaner" zu gestalten, damit auch Ihre Mitarbeiter Selbstführung leben können

In einem starken Umfeld prägt das Umfeld die Persönlichkeit des Einzelnen,
in einem schwachen Umfeld prägt die Persönlichkeit des Einzelnen das Umfeld.

Super-Leadership: Denken

Bei den Zielen der Organisation und der Führung geht es immer um zwei Seiten einer Medaille: Jeder Mensch hat sowohl persönliche als auch berufliche Ziele. Berufliche Ziele werden zum Teil durch die Organisation oder durch Vorgesetzte vorgegeben. Hier lohnt sich also ein genauerer Blick.

Stellen Sie sich vor: Ihr Chef gibt Ihnen ein neues Jahresziel vor. Sie versuchen, daran zu rütteln, da Sie es für völlig überzogen und unerreichbar halten. Doch es stellt sich heraus: kein Einlenken, nichts zu machen. Was würden Sie tun?

Viele Mitarbeiter erleben genau das: Sie können sich nicht oder nur bedingt mit vorgegebenen Zielen identifizieren. Es entstehen Versagensängste, Stress, innere Entfremdung und oft sogar innere Kündigung. Mitarbeiter wählen dann gern den kürzesten Weg zur Zielerreichung – und das hat, wenn überhaupt, eher kurzfristige Effekte für die eigene Psyche, das Team und das Unternehmen. Fakt ist jedoch: Nur die wenigsten von uns können eigenständig über berufliche Ziele entscheiden. Deshalb ist es wichtig, zu lernen, vorgegebene Ziele nicht als Feinde zu betrachten.

Primär selbstmotiviertes Handeln erzeugt nachhaltig und dauerhaft positive Effekte. Es muss keine hundertprozentige Übereinstimmung mit eigenen Bedürfnissen angestrebt werden. Vielmehr genügt es zumeist, die Ziele so gestalten, dass sie den Bedürfnissen, Ansprüchen oder Wunschvorstellungen so gut wie möglich entsprechen. Damit selbstmotiviertes Handeln entsteht, müssen innere und äußere Bedingungen miteinander vereinbar sein.

Was Sie als Führungskraft tun können:

I **Geben Sie den Mitarbeitern so gut wie möglich die Chance**, Tätigkeitsziele mitzubestimmen und eigene Ideen einzubringen.

I **Fragen Sie aktiv nach:** „Kannst du bei diesem Ziel mitgehen oder gibt es etwas, was dich davon abhält?" Klären Sie dann im Gespräch, ob zumindest eine Teilidentifikation hergestellt werden kann.

I **Geben Sie Mitarbeitern Zeit und die Möglichkeit**, zu prüfen, inwiefern vorgegebene Ziele dabei helfen können, auch persönliche Ziele zu erreichen.

Super-Leadership: Fühlen

Menschen brauchen für ihren Job intrinsische Motivation, das heißt für sie interessante und herausfordernde Aufgaben und Tätigkeitsinhalte. Jeder Mitarbeiter sollte sich deshalb fragen: Wie kann ich die Arbeit so organisieren, dass ich sie als anregend, Freude bereitend und produktiv erleben kann?

Diese Faktoren sind förderlich für die intrinsische Motivation:
I Die Aufgabe liegt größtenteils in eigener Hand.
I Es gibt gestalterische Anteile, das heißt, dass die eigene Tätigkeit und das Arbeitsumwelt verändert werden können.
I Zweck und Inhalt der Arbeit sind klar, denn sie ist nützlich und wird als sinnstiftend erlebt.
I Kooperative Anteile, das heißt soziale Kontakte und Austauschmöglichkeiten, sind vorhanden.

Was Sie als Führungskraft tun können:
I **Setzen Sie Menschen ihren Stärken entsprechend ein:** So ist es wahrscheinlicher, dass Mitarbeiter die Aufgaben interessant und herausfordernd finden.
I **Stellen Sie Fragen, die eine Reflexion der intrinsischen Motivation auslösen.** Fragen Sie zum Beispiel, wenn jemand ein Ziel erfolgreich erreicht hat: „Was genau hat dir daran gefallen?" „Welche Aspekte waren für dich am herausforderndsten?" „Was davon könntest du auch auf schwierigere Projekte übertragen?" Fragen Sie, wenn jemand feststeckt: „Welche Aufgaben genau fallen dir schwer?" „Gibt es trotzdem irgendwelche Aspekte daran, die dir Freude bereiten?" „Wer könnte dich bei Teilaufgaben unterstützen?" „Inwieweit kann dir diese Zielvorgabe helfen, persönliche Ziele zu erreichen?"
I **Finden Sie heraus, wodurch Ihre Mitarbeiter motiviert werden.** Denn Sie können auch durch extrinsische Belohnungen dazu beitragen, dass Ihre Mitarbeiter engagiert ans Werk gehen. Achten Sie darauf, dass Ihre Mitarbeiter die Kraft nicht nur aus Ihrer Anerkennung schöpfen – in angemessenem Umfang sind aber auch Lob und Anerkennung motivierend. Darauf haben Sie jederzeit Einfluss.

Super-Leadership: Handeln

Im Lauf ihres Lebens entwickeln Menschen Verknüpfungen zwischen Situations-anreizen, Verhaltensreaktionen und Konsequenzen/Folgen ihres Verhaltens. Diese werden verinnerlicht, sodass sie schließlich fast automatisch ablaufen und dabei auch zu unerwünschten Ergebnissen führen können. Wir Menschen sind Gewohn-heitstiere und neigen dazu, lieber alles beim Alten zu belassen. Wollen Sie Verän-derungen erzielen, geht es daher ans Eingemachte.

In vielen Führungs-, Personalentwicklungs- oder Persönlichkeitsentwicklungspro-zessen geht es am Ende um ein großes Ziel: Der Mitarbeiter soll sein Verhalten verändern. Ein Kerngedanke von Super-Leadership ist jedoch, dass der Mitarbeiter selbst darauf aufmerksam werden soll, dass sein Verhalten an bestimmten Stellen nicht effektiv genug ist und dass eine Verhaltensänderung wünschenswert wäre.

Wichtig ist, dass die gewünschte Verhaltensänderung klar benannt wird – und zwar vom Mitarbeiter selbst. Der Mitarbeiter beschreibt die Erwartungen an das eigene Zielverhalten. Ein Beispiel: Ein Mitarbeiter weiß aus Erfahrung, dass er bei seinem Vorgesetzten mit persönlichen Anliegen am späten Nachmittag mehr Erfolg hat als zu den übrigen Tageszeiten, berücksichtigt das im Alltag jedoch nicht, weil er un-geduldig ist bis zum nächsten Nachmittag zu warten.

Was Sie als Führungskraft tun können:

I **Leben Sie eine konsequente Erfolgsorientierung vor.** Mitarbeiter sind eher gewillt, sich zu ändern, wenn sie sich an geschätzten Vorbildern orientieren können.

I **Mitarbeiter sollen sich in ihrem Verhalten von Hoffnung auf Erfolg lei-ten lassen** („Ich werde das Ziel erreichen"), statt Furcht vor Misserfolg zu haben („Um mich nicht zu blamieren, gehe ich auf Nummer sicher").

I **Erwarten Sie nicht,** dass sich Mitarbeiter viele Verhaltensänderungen auf ein-mal vornehmen. Lieber ein einziges falsches Muster dauerhaft ablegen.

I **Unterstützen Sie die Mitarbeiter bei der Entwicklung von Fähigkeiten** zur Selbstbeobachtung, zum Beispiel durch Seminare mit Video-Feedback. Je mehr Facetten des eigenen Verhaltens beobachtet werden können, desto leichter fällt es, sich zu verändern.

Super-Leadership: Energie

Bei körperlich anstrengenden Tätigkeiten ist die Bedeutung der physischen Energie offensichtlich. Menschen, die vor allem mit dem Kopf arbeiten, tendieren dazu, die Pflege der körperlichen Spannkraft als verzichtbaren Luxus anzusehen. Das werden Sie als Führungskraft auch bei einigen Mitarbeitern sehen. Dabei lassen sich oft schon durch kleine Veränderungen in der Lebensweise beachtliche Wirkungen erzielen.

Natürlich können Sie eine Zeit lang recht erfolgreich sein, indem Sie viele Überstunden machen, kaum Pausen zur Entspannung einlegen, sich ausschließlich von Fast Food ernähren und sich nicht weiter als vom Büro bis zum Aufzug bewegen. Doch die Frage ist: Wie lange machen Sie das so?

Stress, Multitasking und konzentriertes Nachdenken über immer neue Projekte binden psychische Kräfte, sodass oft die Energie fehlt, sich auf sich selbst zu besinnen. Selbstführung strengt ebenfalls an, aber es fällt leichter, die damit verbundenen Vorteile zu genießen, wenn man körperlich fit und leistungsfähig ist.

Wer viel arbeitet, muss sich viel erholen. Dies ist ein wichtiger Grundsatz erfolgreichen Energiemanagements. Einer Phase der Aktivität, in der Energie verbraucht wird, muss eine Ruhephase folgen, um die Batterien wieder aufzuladen. Für Leistungssportler ist die „work to rest ratio" eine der wichtigsten Größen für ein optimales Trainingsprogramm. So sollte zur Unternehmenskultur gehören: Wir arbeiten hart, aber wir erholen uns genauso intensiv.

Was Sie als Führungskraft tun können:

I **Leben Sie eine konsequente Geist-Körper-Balance vor.** Die Mitarbeiter nehmen wahr, was Sie tun, und orientieren sich an Ihrem Verhalten – denn schließlich sind Sie Führungskraft geworden, haben also erfolgreich Karriere gemacht.

I **Unterstützen Sie die Mitarbeiter dabei,** offensiv mit der Bewältigung von Stress und Belastung umzugehen. Dabei ist es zunächst einmal gleichgültig, ob Belastungen beruflich oder privat bedingt sind, denn einzelne Lebensbereiche wirken aufeinander ein. Wer Probleme in seiner Ehe hat, wird vielleicht auch beruflich weniger leistungsfähig sein.

Wie Sie die 4 Wege bei Ihren Mitarbeitern fördern

In Ihrem Führungsalltag geht es darum, die unterschiedlichen Selbstführungs-Kompetenzen den Mitarbeitern bewusst zu machen und sie zu fördern. Deshalb erhalten Sie hier konkrete Tipps zu den 4 Wegen.

Strategie		Wie Sie die jeweilige Strategie bei Ihren Mitarbeitern fördern	Erzielter Effekt bei den Mitarbeitern
Weg 1: Denken	Ziele setzen	▌ Beziehen Sie Ihre Mitarbeiter in die Bestimmung und Festlegung von Zielen mit ein (Strategietage, Meetings, Zielgespräche). ▌ Achten Sie darauf, dass Mitarbeiter nicht in Zielkonflikte geraten (z. B. will weniger arbeiten wegen der Familie und bekommt einen neuen Aufgabenbereich hinzu). ▌ Bringen Sie gemeinsam mit jedem Mitarbeiter regelmäßig Ordnung in dessen Ziele (gemeinsame Zielpriorisierung) und beziehen Sie auch Ziele wie Fort- oder Weiterbildungswünsche ein.	Die Mitarbeiter lernen, selbst Ziele zu entwickeln, die mit den Unternehmenszielen kompatibel sind.
	Willenskraft aktivieren	▌ Bedenken Sie, dass Willenskraft nur begrenzt verfügbar ist, und fordern Sie deshalb nicht zu viele Veränderungen auf einmal. ▌ Helfen Sie Mitarbeitern, unangenehme Aufgaben anzupacken, indem Sie nachfragen, wo sie jeweils stehen. ▌ Machen Sie die Mitarbeiter durch Nachfragen regelmäßig aufmerksam auf ihre langfristigen Ziele – vor allem dann, wenn Sie den Eindruck haben, dass diese aus dem Blickfeld geraten sind.	Die Mitarbeiter verstehen, dass sie nicht alles auf einmal verändern müssen. Dadurch können sie besser mit ihrer Willenskraft haushalten.
Weg 2: Fühlen	Motivation finden	▌ Fragen Sie in Gesprächen regelmäßig nach, welche Aufgaben den Mitarbeitern Spaß machen. ▌ Fördern Sie Mitarbeiter mit Aufgaben, bei denen sie sich beweisen können. ▌ Motivieren Sie weniger selbst, sondern vertrauen Sie auf die Eigenmotivation der Mitarbeiter.	Wenn Mitarbeiter aussprechen, woran sie Freude haben, können sie es später aus ihrem Gedächtnis wieder abrufen und sich an das Positive erinnern. Und Sie können das beim Zuteilen der Aufgaben berücksichtigen.

Strategie		Wie Sie die jeweilige Strategie bei Ihren Mitarbeitern fördern	Erzielter Effekt bei den Mitarbeitern
Weg 2: Fühlen	**Emotionen regulieren**	▎Sprechen Sie mit Mitarbeitern offen über Angst oder andere negative Gefühle. ▎Zeigen Sie Möglichkeiten auf, konstruktiv mit solchen Gefühlen umzugehen. ▎Körpersprache animiert zu Nachahmung: Setzen Sie sich ganz bewusst aufrecht hin und versuchen Sie zu lächeln.	Die Mitarbeiter lernen, dass der Vorgesetzte sie im Blick hat und auch sensibel dafür ist, wie sie mit emotional schwierigen Situationen besser umgehen können.
Weg 3: Handeln	**Umfeld gestalten**	▎Klären Sie mit Mitarbeitern Entscheidungsspielräume und erweitern Sie diese Schritt für Schritt. ▎Trauen Sie sich, Mitarbeiter über bestimmte Rahmenbedingungen abstimmen zu lassen (z. B. Wohin geht unser Betriebsausflug? Was machen wir an der Weihnachtsfeier?). ▎Leben Sie in Ihrem Team das Motto „Change it, leave it or love it". Das bedeutet auch, dass Sie sich selbst nicht zu viel über die Umstände beschweren, sondern aktiv verändern.	Die Mitarbeiter lernen, sich für die Gestaltung ihres Umfelds verantwortlich zu fühlen und die Konsequenzen ihrer Entscheidungen zu tragen.
	Verhalten anpassen	▎Wenn Sie Verhaltensroutinen wahrnehmen, die im Weg stehen, besprechen Sie diese direkt und suchen Sie gemeinsam nach Lösungen. ▎Geben Sie regelmäßig wertschätzendes Feedback zu blinden Flecken. ▎Unterstützen Sie Mitarbeiter beim Ausprobieren neuer Verhaltensmuster – auch auf die Gefahr hin, dass sie damit mehrfach keinen Erfolg haben – und bleiben Sie so lange dran, bis ein erfolgreiches Verhalten gefunden ist.	Die Mitarbeiter werden auf Verhaltensroutinen und blinde Flecken aufmerksam und gehen so bereits den ersten Schritt in Richtung Veränderung.
Weg 4: Energie	**Energie managen**	▎Intervenieren Sie bei Belastungen, etwa zu vielen Überstunden oder verfallenen Urlaubstagen. ▎Sprechen Sie auch heikle Themen an (z. B. Gewichtszunahmen in kurzer Zeit). ▎Berücksichtigen Sie körperliche Bedürfnisse auch bei Teambesprechungen (regelmäßiges Lüften, regelmäßige Pausen).	Die Mitarbeiter verstehen, dass Leistung nur dann dauerhaft möglich ist, wenn Körper und Geist im Einklang sind.

> „Menschen, die miteinander arbeiten, addieren ihre Potenziale. Menschen, die füreinander arbeiten, multiplizieren ihre Potenziale!"
> **Steffen Kirchner**

Selbstführung in Teams

Man könnte nun annehmen, dass viele Individuen mit hoher Selbstführungs-Kompetenz ein sehr selbstführungskompetentes Team ergeben. Diese Annahme ist jedoch nicht korrekt. Doch wie funktioniert es dann?

Starkes versus schwaches Umfeld

Im vorherigen Kapitel wurde bereits aufgezeigt, welche Auswirkungen ein eher schwaches oder ein eher starkes Umfeld auf Selbstführung haben kann. Genauso ist es in Teams. Auch Verhaltens- und Interaktionsspielräume von Teams werden durch Organisationsstrukturen beeinflusst. Je nachdem, ob sich Einzelpersonen oder Teams in einem eher starken oder einem eher schwachen Umfeld aufhalten, kann ihre Arbeit und Zusammenarbeit in unterschiedlicher Weise von Selbst- und Fremdführung bestimmt werden.

Die Balance zwischen „wir" und „ich"

Jede Art von dezentraler Organisationsstruktur braucht sich selbst führende Arbeitsgruppen. Diese entscheiden eigenständig darüber, wie sie Teamziele umsetzen möchten. Hierbei spielen sowohl die strategischen Organisationsziele eine Rolle als auch die individuellen Ziele jedes Teammitglieds. Dadurch entstehen natürlich auch Zielkonflikte, die ebenfalls eigenständig gelöst werden müssen. Im Grunde genommen ist der Begriff „Team-Selbstführung" irreführend. Denn er suggeriert, dass es so etwas wie ein überindividuelles Bewusstsein gibt, das sich selbst reflektieren und absichtsvoll in eine andere Richtung lenken kann.

Dem ist jedoch nicht so. Gruppendynamische Prozesse mögen zwar für Teamspirit und Gruppengefühle sorgen. Gleichzeitig können diese Prozesse jedoch auch Situationen erzeugen, die eher einem starken Umfeld entsprechen (Gruppendenken, Gruppendruck). Darin werden einzelne Teammitglieder quasi „gleichgeschaltet" und Bestrebungen, sich selbst zu führen, unterbunden.

Die Schlüsselelemente für erfolgreiche Selbstführung im Team

Die Frage ist: Wie kann in einem Team so zusammengearbeitet werden, dass Selbstführung ermöglicht wird und Synergien durch Selbstführung entstehen? Auf folgende Punkte kommt es an:

- Wie gut kann sich ein Team auf Regeln verständigen, die verhindern, dass dysfunktionale Gruppenprozesse anlaufen und überhandnehmen?
- Wie gut kann das Team sich als Ganzes und jeden Einzelnen reflektieren?
- Wie gut kann das Team Gegebenheiten und Umgangsformen der Zusammenarbeit auch mal relativieren?
- Wie gut kann das Team auf eine Art kommunizieren, durch die Regelvereinbarungen erleichtert werden?
- Wie bereit sind die einzelnen Teammitglieder, eigene Überzeugungen und Annahmen zu hinterfragen und zu überprüfen?
- Wie gut kann das Team Vorstellungen über Werte und Einstellungen teilen, sodass diese sich positiv auf die Arbeitsfreude und die Leistung auswirken?
- Wie gut kann der Einzelne seine Selbstführungs-Kompetenz in das Team einbringen, ohne produktive Gruppenprozesse zu behindern?

Auf den folgenden Seiten finden Sie eine Übersicht, wie Sie die individuellen Stärken der Teammitglieder synergiestiftend nutzen können.

Stärken stärken: Das Teammitglied mit hoher Selbstführungs-Kompetenz

Wenn Arbeitsgruppen überdurchschnittliche Ergebnisse erzielen wollen, müssen sie zu echten Teams werden. Dafür kann die Selbstführungs-Kompetenz jedes einzelnen Teammitglieds einen wertvollen Beitrag leisten.

	Teammitglied mit starker kognitiver Selbstführung (Denken)	Teammitglied mit starker emotionaler Selbstführung (Fühlen)
Die beste Teamrolle	Richtungsgeber im Team. Er stellt sicher, dass die Ziele klar sind und dass es losgehen kann.	Motivator im Team. Er sorgt für intrinsische Motivation und kann Tiefpunkte abfedern.
Grundorientierung	**Klare Ausrichtung** Ziele definieren und aufeinander abstimmen, Zielkonflikte zwischen „ich" und „wir" thematisieren, Schritte zur Problemlösung definieren.	**Klare Eigenmotivation** Sich mit intrinsischen Motivatoren auseinandersetzen, Anreize für sich selbst finden, Nutzen für die Gruppe generieren.
Stärken	❙ Hat klare Ziele. ❙ Steuert Denkprozesse. ❙ Klärt Prioritäten.	❙ Entwickelt Motivation. ❙ Glaubt an den Erfolg. ❙ Findet persönliche Erfüllung.
Kommt am besten mit Teammitgliedern zurecht, die …	… sich auf seine Denkprozesse einlassen und bereit sind, Zeit in die Zielbestimmung und die Festlegung des Wegs zu investieren.	… bereit sind, bei sich selbst die intrinsischen Motivationsquellen zu erschließen, um so auch im Team ein Höchstmaß an Eigenmotivation zu entwickeln.
Braucht Teammitglieder, die …	… andere Personen von emotionalen Belangen überzeugen können. … Handlungsinitiativen einleiten und zielgerichtetes Verhalten forcieren.	… den Weg zum Ziel klären und die Gruppe dabei mitnehmen. … klären, welche Freiräume das Team benötigt und wie man diese schaffen kann.
Hinweise für mehr Effektivität	Bewährte Strategien in neuen Situationen oder anderen Teamkonstellationen bewusster einsetzen und auch auf außerberufliche Lebensbereiche übertragen.	Gefühle und Stimmungen bewusst so einsetzen, dass diese die Ausführung von Aktivitäten und das Überwinden von Widerständen in der Gruppe erleichtern.

Jedes Teammitglied wird umso erfolgreicher sein, je mehr es gelingt, die eigenen Stärken voll einzusetzen. Ein Schlüsselfaktor der Teamarbeit ist es also, die Bedürfnisse des Einzelnen zu kennen, Raum zur Entfaltung zu geben und die Stärken zu stärken.

	Teammitglied mit starker verhaltensbezogener Selbstführung (Handeln)	Teammitglied mit starker vitaler Selbstführung (Energetisieren)
Die beste Teamrolle	Handlungsinitiator im Team. Er unterstützt dabei, Freiräume zu nutzen, und ermöglicht Reflexion in der Gruppe.	Energieverwalter im Team. Er sorgt für notwendige Pausen, bringt sich mit Ideen rund um das körperliche Wohlbefinden ein.
Grundorientierung	**Klare Handlungsspielräume** Freiräume und Chancen nutzen, Anstöße zum Reflektieren mit der Gruppe geben.	**Klare Ganzheitlichkeit** In arbeitsintensiven Zeiten durch körperliche Aktivitäten und Achtsamkeit Leistung ermöglichen.
Stärken	❙ Verändert Verhalten systematisch. ❙ Sucht und nutzt Freiräume. ❙ Gestaltet das Umfeld.	❙ Schützt die Energiebalance. ❙ Achtet auf körperliche Leistungsfähigkeit. ❙ Regt zu Pausen und Entspannung an.
Kommt am besten mit Teammitgliedern zurecht, die …	…sich auf Reflexionen über gruppendynamische Prozesse einlassen und das Teamverhalten beeinflussen. … individuelle und gemeinsame Freiräume (Handlungen, Entscheidungen etc.) vergrößern möchten.	… die Haltung „Nur Körper und Geist im Einklang erzeugen Leistung" akzeptieren. … für Gelegenheiten zur Entspannung, Bewegung und bewussten Ernährung sorgen und diese ebenfalls nutzen möchten.
Braucht Teammitglieder, die …	… schnelle Aktionen wertschätzen, aber auch sicherstellen, dass diese zielgerichtet erfolgen. … bereit sind, geschaffene Freiräume zu nutzen.	… dafür sorgen, dass die mentalen und emotionalen Denk- und Verhaltensprozesse genügend Aufmerksamkeit bekommen.
Hinweise für mehr Effektivität	Das eigene Lebens- und Arbeitsumfeld konsequent gestalten und neu gelerntes Verhalten in der Gruppe durch eigenes Dazutun verstärken.	Auch und besonders in Druck- und Stresssituationen nicht davon abkommen, aktiv und bewusst auf die eigene Energiebilanz zu achten und auch in der Gruppe ein Bewusstsein dafür wachzuhalten

Team-Selbstführung in der VUCA-Welt

Stellen Sie sich vor, Sie stranden mit 20 weiteren Personen auf einer wunderschönen einsamen Insel. Plötzlich werden andere Dinge wichtig als die, die einen zu Hause in Deutschland beschäftigen. Das eine ist per se nicht besser oder schlechter als das andere, man muss nur mit unterschiedlichen Anforderungen zurechtkommen. Das bedeutet: Sie müssen in einer neuen Situation auch etwas in Ihrem Verhalten ändern. Sie können auf einer einsamen Insel nicht das Tiefkühlfach öffnen und die Fertigpizza herausholen. Sie lernen stattdessen, wie Sie einen Fisch fangen. Sie können nicht die Heizung zwei Grad höher drehen, sondern Sie finden heraus, wie Sie ein Lagerfeuer machen. Wenn Sie mit 20 weiteren Menschen auf der Insel sind, dann lautet die Frage: Wie organisieren Sie die zum Überleben wichtigen Maßnahmen?

Unsere moderne Welt bringt es mit sich, dass wir ständig solchen Situationen ausgesetzt sind – dass wir also immer wieder mit neuen, unbekannten Anforderungen konfrontiert sind. Wie leben in einer VUCA-Welt. VUCA ist ein Akronym, bei dem V für „volatility" (Volatilität), U für „uncertainty" (Unsicherheit), C für „complexity" (Komplexität) und A für „ambiguity" (Mehrdeutigkeit) steht. Diese Merkmale der Welt, in der wir heute leben, haben auch Folgen für Teams und Gruppenarbeit.

Moderne Teams müssen anders agieren als traditionelle Teams, denn viele Projekte und Arbeitsanforderungen sind nicht mehr langfristig planbar. Eine Veränderung löst die andere ab. Unternehmen bemühen sich, dem Zeitgeist immer einen Schritt voraus zu sein – oder zumindest versuchen sie es, um auch in Zukunft erfolgreich und wettbewerbsfähig zu bleiben.

Wie Sie eine selbstführungsfördernde Kultur schaffen

Selbstführung in Teams ist eine der entscheidenden Kompetenzen, die es ermöglichen, diesen Herausforderungen zu begegnen. Deshalb geht es darum, „Shared Selbstführung" zu praktizieren – also die eigene Selbstführung auch anderen zuteilwerden zu lassen – und eine selbstführungsfördernde Kultur (Vorrat an gemeinsamen Regeln, Werten und Überzeugungen) zu etablieren. So kann VUCA eine ganz neue Bedeutung bekommen:

- **V – Aus Volatilität wird Verantwortung:** Wenn jeder Einzelne für sich und sein Denken, Fühlen und Handeln Verantwortung übernimmt, kann daraus auch ein erfolgreiches, sich selbst steuerndes Team entstehen. Dazu gehört es, Aufgaben nicht an andere abzudrücken, Kollegen nicht die Schuld für eigene Fehler zuzuschieben, sich mit persönlichen Stärken einzubringen, aber auch klar zu äußern, wenn Grenzen erreicht oder überschritten werden. Erst wenn jeder Verantwortung für sich selbst übernimmt, kann er auch das Team zur Selbstführung befähigen.

- **U – Aus Unsicherheit wird Umdenken:** Selbstführung bedeutet einerseits, sich eigene Ziele zu setzen und klare Vorstellungen über Wege dorthin zu entwickeln. Andererseits bedeutet Selbstführung jedoch auch, umzudenken und flexibel zu handeln, wenn dieser Plan nicht funktioniert. Wie Facebook-Chefin Sheryl Sandberg es treffend auf den Punkt bringt: „If option A does not work, let's just kick the shit out of option B." Nicht immer wird der ursprüngliche Plan funktionieren. Teams, die Produkte auf den Weg bringen, neue Verkaufsstrategien testen oder innovative Wege beschreiten, werden zumeist nicht ihren ersten Plan durchziehen können. Umdenken zur Routine zu machen, ist ein wichtiger Punkt für eine selbstführungsfördernde Unternehmenskultur.

- **C – Aus Komplexität (complexity) wird Klarheit:** In der Praxis kennen viele Teams ihre eigentlichen Ziele nicht genau. Was steckt hinter den Zielen? Was will das Unternehmen erreichen? Welchen Beitrag haben wir zu leisten? Das sind Fragen, die geklärt und in Teams transparent sein müssen.

- **A – Aus Ambiguität wird Akzeptanz:** Ursache und Wirkung sind oft nicht mehr klar voneinander zu unterscheiden. Es gibt mehrere Möglichkeiten, Erklärungen oder Wege. Es liegen zwar mehr Informationen und Zahlen vor als je zuvor, doch Fehleinschätzungen und Missverständnisse haben ebenfalls zugenommen. Diese Situation zu akzeptieren und konstruktiv damit umzugehen, ist ein Teil der Selbstführung. Ein Prinzip, das uns scheinbar schwerfällt. Verluste, Rückschläge, ungewollte Vorfälle können aber ins Leben integriert werden, wenn man daran glaubt, dass jedes Ereignis auch positive Aspekte enthält und sinnvolle Konsequenzen nach sich ziehen kann. Das müssen auch Teams verinnerlichen und leben. Es geht im Kern darum, dass wir das Verhalten anderer oder die Umstände nicht immer ändern können – nur uns selbst oder unsere eigene Einstellung.

Selbstführungsfördernde Teamkultur:
Beschleunigende und blockierende Prozesse

Es ist wichtig, im Team eine Kultur zu etablieren, die die Selbstführung fördert statt hemmt. Einem Team gelingt dies besser, einem anderen weniger gut. Trotzdem sollte man die Verbreitung einer selbstführungsfördernden Kultur im Auge behalten und tatkräftig unterstützen.

Hierbei kann es helfen, die Besonderheiten beschleunigender und blockierender Prozesse im Team zu kennen und sie regelmäßig zu überprüfen.

	Beschleuniger für eine Selbstführungs-Kultur ⬆	Blockierer für eine Selbstführungs-Kultur ⬇
Umgang mit Vorschlägen und Meinungen	Jedes Teammitglied tritt selbstbewusst und zuversichtlich auf; macht Unterschiede und Abweichungen von Weg-Ziel-Strategien deutlich und thematisiert mögliche Gegensätze; stellt übliche Wege infrage.	Die Teammitglieder ignorieren Kritik, vermeiden offene Fragen und Unannehmlichkeiten; blockieren sich und andere durch impulsive und voreilige Herangehensweisen.
Umgang mit neuen Wegen und Ideen	Einzelne Teammitglieder können gut zuhören, formulieren aber auch klar den eigenen Standpunkt und gehen an gemeinsame Aufgaben mit positiven Erwartungen heran.	Es werden unterschwellige Andeutungen und Hinweise gemacht, andere werden auf „freundliche" Art und Weise manipuliert; Teamvorschläge werden missachtet bzw. übersehen; generell herrscht Unzufriedenheit vor.
Umgang mit Sinnfragen und Diskussionen	Sinn und Zweck von Zielen und Vorgehensweisen werden diplomatisch hinterfragt, die Meinungen Einzelner gewürdigt; jedes Teammitglied darf sich auch defensiv verhalten, um anderen mehr Raum zu geben.	Es wird stur und unnachgiebig auf eigenen Meinungen beharrt; Neuerungen werden zumeist abgelehnt; die Gruppenatmosphäre ist schlecht, und häufig ist unklar, wofür das Team eigentlich arbeitet.

	Beschleuniger für eine Selbstführungs-Kultur ⬆	Blockierer für eine Selbstführungs-Kultur ⬇
Umgang mit motivationalen Aspekten	Gemeinsamkeiten werden klar und nachvollziehbar thematisiert; andere Teammitglieder werden ermutigt und zu Handlungen motiviert; Erfahrungen werden unabhängig vom jeweiligen Teammitglied unvoreingenommen und zukunftsorientiert bewertet.	Im Team verbreitet sich schnell eine pessimistische Stimmung; es wird eher „verurteilt" als beurteilt; Fehler werden lange nachgetragen und die Verursacher regelmäßig darauf hingewiesen.
Umgang mit dem Wir-Gefühl	Das Team nutzt Anekdoten aus seiner Geschichte und Humor, um das Wir-Gefühl zu stärken; Gedanken können frei geäußert werden, und es herrscht Sympathie für andere.	Die Teammitglieder demonstrieren Abgrenzung oder Indifferenz anderen gegenüber und kümmern sich wenig um die Entwicklung einzelner Teammitglieder.
Umgang mit Konfliktsituationen	Das Team sorgt für Konsensbildung in Konfliktsituationen; es nimmt sich Zeit, um auch unangenehme Dinge anzusprechen; gibt Hoffnungen und Träume auf fantasievolle Weise weiter.	Es dominieren die eigenen Unsicherheiten; selbst bei kleinen Konflikten reagieren Teammitglieder schnell emotional; feindselige Gefühle bedrohen die Realisierbarkeit von Projekten im Team.
Umgang mit eigenen emotionalen Herausforderungen	Eigene emotionale Niederlagen (z. B. Scheitern kurz vor einer Beförderung) können in der Gruppe besprochen werden; die Gruppe kann zum Auftanken genutzt werden.	Teammitglieder können eigene Gefühle schlecht kontrollieren, weshalb sie auf Kritik oft impulsiv oder mit Rückzug reagieren.

Selbstführung in der Partnerschaft

Partnerschaft ist Zusammenarbeit auf höchster Ebene – jede Partnerschaft ist ein Zwei-Personen-Team. Wie sehen Sie sich und Ihren Partner? Als Zweier-Kajak auf der olympischen Regattastrecke? Das bedeutet, Sie haben das gleiche Ziel und einen gemeinsamen Takt, halten sich bei Laune, erkennen die Leistung des anderen an, glauben an ihn und an sich. Oder sehen Sie sich eher schon halb gestrandet am Flussufer, weil Ihnen der Glaube daran fehlt, dass Sie gemeinsam ankommen werden?

Selbstführung ist ein viel diskutiertes Thema, allerdings vor allem im beruflichen Kontext. Dabei bietet es sich auch in anderen Lebensbereichen an, Selbstführung zu praktizieren. Gerade in der Partnerschaft birgt Selbstführung Potenziale, um sogar dem gemeinsamen Paddeln eine ganz neue Qualität abgewinnen zu können.

Die Balance zwischen „ich" und „wir"

Auch hier geht es um die Balance zwischen „ich" und „wir". Sie sind ein Team – zunächst einmal unabhängig davon, ob Sie sich so fühlen oder nicht. Wie bei einem Arbeitsteam stehen Sie auch in einer Partnerschaft vor der Herausforderung, die Balance zwischen Ihren eigenen Gestaltungsbedürfnissen und den Gestaltungserfordernissen Ihrer Partnerschaft zu finden. Für den gemeinsamen Erfolg ist es nicht erforderlich, dass Sie alle beide Selbstführungs-Profis sind. Es kann ausreichen, wenn einer von Ihnen seine Selbstführungs-Kompetenz erhöht.

Kompetente Selbstführung beinhaltet, offen und handlungsbereit zu sein, die Chancen zu nutzen, die äußere Gegebenheiten eröffnen und die Potenziale auszuschöpfen, die eigene Fähigkeiten bieten. Gleichzeitig bedeutet es aber auch, sowohl die eigenen Grenzen als auch die Grenzen des Partners anzuerkennen und wertzuschätzen.

Wann Selbstführung in der Partnerschaft helfen kann

Selbstführung wird immer dann wichtig, wenn es darum geht, etwas nachhaltig zu verändern, insbesondere wenn es etwas ist, das nicht allzu gut läuft. Wenn etwas erneut in Angriff genommen werden soll, woran die Partnerschaft bisher immer gescheitert ist. Oder wenn ein größeres gemeinsames Vorhaben endlich umgesetzt werden soll. Es geht natürlich nicht darum, dass sich die Partner überall und zu jeder Zeit nur selbst zu führen. Wenn das der Fall wäre, wären die Partner Egomanen ohne wirkliche Bindung zueinander. Deshalb ist Selbstführung in der Partnerschaft primär dann von Vorteil, wenn Sie …

▌ etwas in Ihrer Beziehung verändern möchten – und zwar erst einmal unabhängig davon, ob Sie selbst oder Sie beide dies möchten.

▌ die Qualität Ihrer Beziehung verbessern möchten, weil Sie zum Beispiel das Gefühl haben, dass die gemeinsame Richtung nicht stimmt.

▌ für sich selbst definieren möchten, welche Bedeutung die Beziehung in Ihrem Leben hat, woraus sich wiederum Veränderungsprozesse ergeben können.

▌ lernen möchten, gemeinsame Ziele zu entwickeln, und diese auch gegen Hindernisse und Widerstände erreichen wollen.

Es gibt nicht den einen Weg

Zur Erfüllung in der Partnerschaft weist kein One-Way-Schild, dem man nur zu folgen braucht. Auch kompetente Selbstführung leistet das nicht. Doch Selbstführung kann immer wieder Ziele, Wege und Lösungen finden, die die Partnerschaft bereichern und konstruktiv verändern können.

Auf den folgenden Seiten geben wir Ihnen einige Tipps, wie Sie die 4 Wege in Ihrer Partnerschaft anwenden und nutzen können.

Wie die 4 Wege Ihre Partnerschaft bereichern

Selbstführung fängt immer zuerst bei Ihnen selbst an. Versuchen Sie daher nicht, Ihren Partner zu führen, sondern nutzen Sie die folgenden Tipps primär dazu, mit Ideen und Möglichkeiten innerhalb Ihres Einflussbereichs Veränderungen anzustoßen.

Weg 1: Denken	Wie die Strategie Ihre Partnerschaft bereichern kann	Tipps für die partnerschaftliche Entwicklung
Ziele setzen	Gemeinsame Ziele in der Partnerschaft sind wie ein Kompass, der für all Ihre Entscheidungen und Handlungen die Richtung vorgibt. Unterschiedliche Bedürfnisse unter einen Hut zu bringen und klare Zielperspektiven daraus abzuleiten, reduziert den Diskussionsbedarf, verstärkt das Wir-Gefühl und fördert gemeinsame Aktivitäten.	▎Nehmen Sie sich regelmäßig, mindestens einmal pro Jahr, Zeit, um Ihre individuellen Ziele und die Ihres Partners zu besprechen, zu verstehen und abzugleichen. Das reduziert das Risiko von Zielkonflikten (z. B. weil Sie eine Beförderung anstreben, während Ihr Partner möchte, dass Sie mehr Zeit mit der Familie verbringen). ▎Suchen Sie sich wenn möglich ein Ziel, auf das Sie gemeinsam zugehen können (z. B. in fünf Jahren das Haus abbezahlen, im Rentenalter den Winter in Spanien verbringen, eine Reise nach Südafrika). Das stärkt die Bindung und hält die Partnerschaft lebendig.
Willenskraft aktivieren	Diskussionen zwischen Partnern drehen sich oft um unangenehme Themen („Warum hast du schon wieder so viel Geld ausgegeben, obwohl wir doch den Hauskredit abbezahlen wollen?"). Über solche Themen zu sprechen ist per se kein Fehler. Diskussionen können mentale Ressourcen mobilisieren und Willenskräfte aktivieren, damit kontroverse Themen im Fokus bleiben, bis eine für beide Partner zufriedenstellende Lösung gefunden ist.	▎Besprechen Sie einzelne Schritte und klären Sie, welche davon ggf. nicht funktioniert haben und warum (z. B. zu viel Geld für Kleidung ausgegeben). ▎Sprechen Sie gemeinsam über Herausforderungen, die Sie anstrengend finden. ▎Überanstrengen Sie sich nicht, wenn Ihnen etwas misslingt oder wenn Sie partout nicht weiterkommen. Bitten Sie um Hilfe. ▎Fragen Sie Ihren Partner, wie Sie ihm helfen könnten, wenn er nicht weiterkommt (z. B. „Ich soll dich daran erinnern, dass du auch einfach mal loslassen kannst").

Weg 2: Fühlen	Wie die Strategie Ihre Partnerschaft bereichern kann	Tipps für die partnerschaftliche Entwicklung
Motivation finden	Wenn Sie wissen, was Sie und was Ihren Partner motiviert, was jeder von Ihnen braucht, um am Ball zu bleiben, können Sie dieses Wissen gezielt einsetzen, um gemeinsame Anliegen voranzubringen. Aber Vorsicht! Machen Sie sich klar: Ihr Partner ist nicht verantwortlich für Ihre Motivation, ins Fitnessstudio zu gehen oder Ihr persönliches Wunschprojekt anzupacken. Dafür sind Sie allein verantwortlich.	▌ Erzählen Sie Ihrem Partner, was Ihnen fast ohne Anstrengung gut gelungen ist. Lautes Aussprechen bewirkt, dass Sie sich beim nächsten Mal besser erinnern und motiviert ans Werk gehen können. ▌ Erwarten Sie von Ihrem Partner nicht, dass er Sie motiviert. Ihre Motivationskraft sollten Sie in erster Linie aus sich selbst schöpfen. So bleiben Sie überwiegend intrinsisch motiviert. ▌ Visualisieren Sie motivierende Anreize in Ihrem gemeinsamen Zuhause, zum Beispiel durch ein Zitat oder Bild am Kühlschrank, einen Gegenstand im Wohnzimmer oder eine Haftnotiz am Badezimmerspiegel.
Emotionen regulieren	Wenn Sie erreichen wollen, dass Emotionen Ihre Partnerschaft beleben und stabil halten, können Strategien emotionaler Selbstführung einen wichtigen Beitrag leisten. Sie vermeiden Überreaktionen wie „vor Wut Türen knallen" oder „gegenseitig anschreien". Wenn Sie in schwierigen Situationen die Kontrolle über negative Emotionen behalten, helfen Sie auch Ihrem Partner, das ebenfalls zu tun.	▌ Betrachten Sie die Situation aus der Vogelperspektive, vor allem wenn Sie sich angegriffen fühlen. Zählen Sie bis fünf, bevor Sie reagieren, dann hat Ihr Verstand eine Chance, sich einzuschalten. ▌ Achten Sie auf Ihre Körperhaltung, wenn sich negative Emotionen melden oder Ihnen alles zu viel wird. Gehen Sie in die aufrechte Haltung und lächeln Sie. So gewinnt Ihr Körper Einfluss auf Ihre Gefühle. ▌ Freuen Sie sich mit Ihrem Partner, selbst wenn Sie nicht nachvollziehen können, was der Anlass ist. Gefühle sind Treibstoff für die Beziehung.

Weg 3: Handeln	Wie die Strategie Ihre Partnerschaft bereichern kann	Tipps für die partnerschaftliche Entwicklung
Umfeld gestalten	In einer gesunden Partnerschaft besitzt jeder Partner Freiräume, um das Leben nach den eigenen Vorstellungen zu gestalten. In vielen langjährigen Beziehungen schleifen sich allerdings wiederkehrende Muster und Routinen ein (Was muss wann wie gemacht werden?). Auf diese Weise entsteht so etwas wie ein starkes Umfeld, das individuelle Freiräume einschränkt. Wenn Sie daran etwas ändern möchten, ist es am besten, eine begrenzte Anzahl von Prinzipien und Routinen zu haben, über die dann flexibel verfügt werden kann. So können Sie verhindern, dass Ihre Beziehung in starren Zwängen erstickt.	▎ Verinnerlichen Sie die Haltung, Ihren Partner nicht verändern zu können. Wenn er sich von sich aus verändert, ist es gut, aber erwarten Sie es nicht. Er ist nicht Ihr Leibeigener! ▎ Verändern Sie grundsätzlich nur das, was in Ihrem Einflussbereich liegt. Das Wetter ist, wie es ist, Sie können es nicht ändern, doch Sie können einen Regenschirm mitnehmen. ▎ Wenn Sie etwas gravierend stört, sprechen Sie es an oder verhalten Sie sich genau so, wie Sie es sich von Ihrem Partner wünschen. So haben Sie die Chance, Ihrem Partner ein Vorbild zu sein (wenn Sie z. B. mehr Geschenke wollen, schenken Sie selbst mehr). Machen Sie sich aber klar, dass es keine Garantie gibt, dass Sie dadurch etwas bewirken.
Verhalten anpassen	Verhaltensroutinen haben Vor- und Nachteile in einer Partnerschaft. Man weiß, wie der andere reagiert, man selbst reagiert ebenso vorhersagbar und so weiter. Diese Verhaltensmuster hin und wieder bewusst zu unterbrechen und mit einer neuen Verhaltensreaktion zu überraschen, ist ein Schlüssel, um kritische Situationen zu entschärfen. Fängt ein Partner an, etwas Neues zu probieren, lädt er den anderen ein, es ihm gleichzutun.	▎ Bitten Sie Ihren Partner um Feedback, hören Sie nur zu und diskutieren Sie nicht darüber. So decken Sie blinde Flecken auf und bekommen Anhaltspunkte, was Sie eventuell ändern könnten. ▎ Machen Sie mindestens einmal pro Woche etwas völlig anders als das, was Sie üblicherweise tun (neuer Weg zur Arbeit, auf der „falschen" Seite im Bett schlafen, die Spaghettisauce anders würzen). ▎ Notieren Sie typische Konfliktsituationen in der Partnerschaft. Wie verhalten Sie sich? Welche Konsequenz hat Ihr Verhalten? Was wollen Sie und was müssten Sie tun, um Ihr Ziel zu erreichen?

Weg 4: Energie	Wie die Strategie Ihre Partnerschaft bereichern kann	Tipps für die partnerschaftliche Entwicklung
 **Energie managen** 	Wer wünscht es sich nicht: körperlich und geistig fit gemeinsam alt zu werden. Theoretisch wissen wir alle, was zu tun ist, um dieses Ziel zu erreichen. Bewegung, gesunde Ernährung und Entspannung – drei entscheidende Komponenten, um auch im Alter psychisch und physisch leistungsfähig zu bleiben. Sie können Ihrem Partner Vorbild sein und durch Ihr eigenes Beispiel zeigen, wie eine bewegungsaktive, gesunde und entspannte Lebensführung für dauerhafte Vitalität und allgemeines Wohlbefinden sorgt.	▮ Ihr Partner ist ein Sportmuffel? Deshalb bleiben auch Sie auf der Couch? Machen Sie es genau andersherum. Seien Sie aktiv, tun Sie, was aus Ihrer Sicht gemacht werden sollte. Nehmen Sie in Kauf, sich auch ohne Ihren Partner sportlich zu betätigen. ▮ Ihr Partner geht nicht vor Mitternacht ins Bett, und deshalb schlafen Sie ebenfalls nur sechs Stunden pro Nacht? Gehen Sie trotzdem früher schlafen. Es wird sich positiv auf all Ihre anderen Strategien auswirken. Ihre Willenskraft erhöht sich, Ihre emotionalen Trigger triggern viel später usw. ▮ Ihr Partner möchte zum dritten Mal in der Woche Pizza bestellen? Seien Sie tolerant. Versuchen Sie auf „diplomatische" Art und Weise einen gesunden Ernährungsstil einzuführen, indem Sie z. B. eine gesündere Pizza für Ihren Partner selbst machen.

Aktion: Reflektieren Sie gemeinsam Ihre Selbstführung und die Ihres Partners

Um einen Einblick in die Selbstführung Ihres Partners zu bekommen, können Sie gemeinsam diese Übung machen. Nehmen Sie sich 30 Minuten Zeit und besprechen Sie die Fragen. Jeder antwortet für sich. Halten Sie die Antworten stichpunktartig fest.

Tragen Sie hier zunächst Ihre Namen ein:

Partner 1 (das sind Sie):

Partner 2 (das ist Ihr Partner):

Was möchtest du dieses Jahr unbedingt noch erreichen?

1.

2.

Wenn du einen Wunsch frei hättest in Bezug auf etwas, was sich in deinem Leben verändern soll, und du wüsstest, dass er in Erfüllung geht, wenn du dich ein Jahr lang richtig anstrengst. Was wäre das?

1.

2.

Hast du ein Lebensziel? Wenn ja, welches?

1.

2.

In welchen Situationen hast du Schwierigkeiten, unangenehme Aufgaben anzupacken?

1.

2.

Bei welchen Tätigkeiten merkst du nicht, dass die Zeit verfliegt, und könntest einfach immer weitermachen?

1.

2.

In welchen Situationen hast du das Gefühl, wie auf Knopfdruck emotional zu reagieren?

1.

2.

Zu welchen Themen würdest du mir gern Feedback geben, tust es aber selten, weil du weißt, was du damit bei mir auslösen könntest?

1.

2.

Zu welchen Themen wünschst du dir mehr Feedback von mir?

1.

2.

Welche Gewohnheiten in unserem Alltag stören dich aktuell?

1.

2.

Was müsstest du verändern, damit dein körperliches Wohlbefinden so ist, wie du es dir wünschst?

1.

2.

Auswertung: Diese Fragen sollen nur einen Anfang darstellen, um über das Thema Selbstführung ins Gespräch zu kommen. Überlegen Sie, was die nächsten Schritte für Sie als Paar sein könnten.

„Kinder und Uhren dürfen nicht ständig aufgezogen werden, sie müssen auch gehen."

Jean Paul

Selbstführung in der Erziehung

Eltern wollen stets das Beste für ihre Kinder. Sie wollen verhindern, dass Kinder schlechte Erfahrungen machen, sie wollen immer das „Richtige" tun. Doch die Frage ist wie so oft: Was genau ist das Richtige?

Plan und Wirklichkeit weichen auch in der Erziehung nicht selten stark voneinander ab. Was Eltern sich vornehmen, wird durch eigene Unzulänglichkeiten, Kurzschluss-reaktionen oder das Verkennen von Tatsachen konterkariert. Das Resultat sind Sätze wie „Ich wollte es anders machen, aber …", „Ich habe es einfach nicht geschafft, gelassen zu bleiben" oder „Die Kinder wissen einfach zu genau, welchen kleinen Knopf sie drücken müssen, damit ich reagiere – auch wenn ich es nicht möchte".

In der psychosozialen Entwicklung eines Kindes spielen Kindergarten und Schule eine wichtige Rolle. Sie sind für sein Erleben und Verhalten von großer Bedeutung, damit das Kind dem begrenzten Umfeld der Familie entwächst. Allerdings hat auch die Erziehung in der Familie Einfluss darauf, wie gut es dem Kind gelingt, eigen-ständig und selbstbestimmt zu denken, zu fühlen und zu handeln.

Erziehung basiert oft auf Belohnung und Bestrafung. Eine Folge kann sein, dass sich Kinder hauptsächlich über äußere Konsequenzen ihres Handelns definieren und weniger darauf achten, wie sehr ihr Handeln mit eigenen Bedürfnissen und Neigungen übereinstimmt. Wenn Eltern dem entgegenwirken und die Entwicklung einer selbstbewussten Persönlichkeit unterstützen möchten, besteht ein wertvoller

Beitrag darin, die Selbstführungs-Kompetenz der Kinder zu fördern. Kinder lernen dann von klein auf, widrigen Umständen zu begegnen und eigene Ziele zu verfolgen, auch wenn dies anstrengend ist oder auf Unverständnis stößt. Doch genau das stellt Eltern häufig vor große Herausforderungen.

Was Eltern und Führungskräfte verbindet

Eltern und Führungskräfte haben gemeinsam, dass sie einerseits das Beste für die Menschen möchten, die ihnen anvertraut wurden, andererseits aber auch individuelle Interessen haben und mit Erwartungen des gesellschaftlichen und organisatorischen Umfelds konfrontiert sind. Führungskräfte haben gegenüber Eltern den Vorteil, dass sie emotional weniger gebunden sind und den Arbeitsplatz nach acht Stunden verlassen können.

Mitarbeiterführung und Erziehung sind tatsächlich verwandte Konzepte, in wissenschaftlichen Anfängen sogar mit ähnlichen Begriffen beschrieben, zum Beispiel laissez-faire, autoritär, demokratisch. Henry P. Sims, einer der Autoren des Super-Leadership-Ansatzes (Führung durch Selbstführung), rät Eltern dazu, sich als Führungspersonen zu reflektieren. Mitarbeiterführung und Erziehung haben im Grunde das gleiche Ziel: das Verhalten der anderen beeinflussen.

Vom Super-Leader zum Super-Held für Ihre Kinder

Es ist nie zu früh, Kinder zu befähigen und zu motivieren, sich selbst zu führen. Zum einen, indem man eigene Selbstführungs-Kompetenz vorlebt und weiterentwickelt. Zum anderen, indem man Situationen gestaltet, die es Kindern ermöglichen, vielfältige Erfahrungen zu sammeln und wiederholt zu erleben, wie aus eigenem Antrieb Anforderungen und Aufgaben erfolgreich bewältigt werden können. Auf den folgenden Seiten finden Sie einige konkrete Tipps dazu.

Super-Leadership als Erziehungsansatz

Sims beschreibt vier verschiedene Führungsstile und deren Pendent in der Erziehung eigener Kinder. Dabei betont er, dass Super-Leadership am geeignetsten sei, Kinder zu befähigen, aus eigener Kraft die Anforderungen ihres Lebens zu bewältigen.

Erzie-hungs-verhalten	Strong (Wo-)Man	Transactor	Visionary Hero	Super-Leader
Prinzip der Einfluss-nahme	Anweisungen erteilen	Belohnen	Inspirieren	Vorbild sein
Äußert sich in der Erziehung durch ...	... Herum-kommandieren, Bestrafen, das Tadeln von schlechtem Be-nehmen.	... Locken mit der Aussicht auf etwas.	... Inspiration durch persönli-che Ausstrahlung, Aufzeigen von Vorstellungen.	... Vermitteln von Erfahrungen, wie man durch Eigen-initiative sein Ziel erreicht.
Implizite Botschaft	„Du benimmst dich so, wie ich es sage!"	„Wenn du dich so benimmst, wie ich es möch-te, bekommst du etwas, das du gern möchtest."	„Du bewunderst mich für das, was ich bin, und eiferst mir des-halb nach."	„Ich lebe dir vor, wie du im Leben bekommst, was du dir wünschst."
Reaktion der Kinder	Auf Angst basie-rendes Einhalten der Regeln nach dem Law-and-Or-der-Prinzip	Berechnendes Einhalten der Re-geln auf Grundla-ge eines Gebens und Nehmens	Emotional abhän-giges Commit-ment	Commitment durch Erfahrung der Selbstwirk-samkeit

Aktion: Woran Sie erkennen, dass Sie den Super-Leader-Erziehungsstil leben

Sind Sie ein Super-Leader-Elternteil? Für eine kurze Selbsteinschätzung beantworten Sie möglichst ehrlich und unvoreingenommen folgende zehn Fragen.

Trifft diese Aussage auf Sie zu?	ja	nein	teil-weise
Wenn mein Kind mich fragt, wie es etwas machen soll, frage ich zurück: „Wie würdest du es selbst gern machen?"	☐	☐	☐
Ich lebe durch mein Beispiel vor, wie man sich körperlich fit und vital halten kann.	☐	☐	☐
Wenn mein Kind einen Misserfolg hatte und trotzdem nicht aufgibt, äußere ich mich positiv dazu.	☐	☐	☐
Ich ermögliche meinem Kind, dass es sein Zimmer nach den eigenen Vorstellungen gestaltet.	☐	☐	☐
Ich erwarte, dass mein Kind bei den täglichen Familienaufgaben Verantwortung übernimmt und dafür auch Eigeninitiative entwickelt.	☐	☐	☐
Ich unterstütze nachdrücklich, wenn mein Kind nach Erfolgserlebnissen (z. B. bei einem Musikkonzert) weitermachen möchte (z. B. weiter zu den Proben zu gehen).	☐	☐	☐
Wenn mein Kind in schwierigen Situationen aufgeben möchte, frage ich gezielt nach den Möglichkeiten und Alternativen, es trotzdem zu schaffen.	☐	☐	☐
Wenn mein Kind mich kritisiert, höre ich aufmerksam und geduldig zu und entscheide danach bewusst, wie ich das Feedback berücksichtigen kann.	☐	☐	☐
Ich äußere mich nicht skeptisch, wenn mein Kind sich anspruchsvolle Ziele setzt.	☐	☐	☐
Ich achte darauf, meinem Kind genügend Freizeit zu lassen, in der es selbst entscheiden kann, was es tun möchte.	☐	☐	☐
Gesamtpunkte (Summen)			

Je öfter Sie „ja" angekreuzt haben, desto näher sind Sie am Super-Leader-Erziehungsstil. Prüfen Sie alle Punkte mit „nein" und „teilweise" und überlegen Sie, wie Sie diese Verhaltensweisen stärker in Ihren Alltag integrieren könnten.

Wie Sie die 4 Wege bei Ihren Kindern fördern

Für alle Strategien gilt: Was immer Sie möchten, das Ihre Kinder tun – leben Sie
es vor! Wenn Sie permanent launisch sind, jeden Tag unglücklich zur Arbeit fahren
und aus jeder Kleinigkeit eine Staatsaffäre machen, werden Ihre Erziehungsmaß-
nahmen ins Leere laufen. Es fängt immer bei Ihnen selbst an.

Weg 1: Denken	Wie Sie die Strategie bei Ihren Kindern einsetzen	Erzielter Effekt bei den Kindern
Ziele setzen	▪ Gestalten Sie den Umgang in Ihrer Familie so, dass es nicht zu viele Reglementierungen gibt. Nur so lernen Kinder, dass es Freiräume gibt, die sie nutzen können. ▪ Belassen Sie es bei einer begrenzten Anzahl von Grundregeln (Familienprinzipien). ▪ Klären Sie Handlungs- und Entscheidungsspielräume mit den Kindern. Wichtig ist auch, dass das Kind weiß, wann es eine Anweisung ist. ▪ „Change it, leave it or love it!" – Bringen Sie Ihren Kindern dieses Prinzip bei.	Kinder lernen, vorhandene Freiräume zu entdecken und zu nutzen. Sie lernen, innerhalb von überschaubaren und nachvollziehbaren Prinzipien selbstständig Entscheidungen zu treffen und mit den sich daraus ergebenden Konsequenzen umzugehen. Sie lernen, dass sie ein familiäres und außerfamiliäres Umfeld nicht immer als gegeben hinnehmen müssen, sondern dass sie es auch aktiv verändern dürfen und können
Willenskraft aktivieren	▪ Stehen Sie als Ansprechpartner zur Verfügung, wenn Ihre Kinder nicht wissen, was sie machen sollen oder hätten machen sollen. Überlegen Sie gemeinsam, welches Verhalten angemessen wäre. Geben Sie es nicht vor, sondern lassen Sie die Kinder selbst Vorschläge entwickeln. ▪ Geben Sie regelmäßiges Feedback und holen sich auch Feedback von den Kindern ein. Verhaltensänderungen sollten keine Einbahnstraße sein. ▪ Achten Sie bei Misserfolgen darauf, dass Ihre Kinder nicht zu hart mit sich selbst ins Gericht gehen („Ich kann das nicht"), sondern Handlungsoptionen erkennen („Vielleicht war ich nicht gut genug vorbereitet").	Kinder lernen, dass Verhalten veränderbar ist und dass „Ich bin halt so" eine schlechte Ausrede ist. Sie lernen, dass negatives Feedback sie nicht aus der Bahn wirft, sondern zum Nachdenken anregen kann (aber nicht muss). Sie lernen, positiv mit sich selbst umzugehen und nicht die eigene Persönlichkeit aufgrund von Misserfolgen infrage zu stellen.

Weg 2: Fühlen	Wie Sie die Strategie bei Ihren Kindern einsetzen	Erzielter Effekt bei den Kindern
Motivation finden	▌ Beobachten Sie, in welchen Situationen Ihre Kinder voll konzentriert wirken, und stören Sie sie nicht. ▌ Fragen Sie Ihre Kinder bei unangenehmen Aufgaben: „Gibt es trotzdem etwas, das du gut daran findest?" ▌ Bieten Sie nicht allzu viel extrinsische Belohnung (Transactor-Erziehungsstil), da dies nur kurzfristig wirkt und Wiederholungserwartungen aufbaut. ▌ Unterstützen Sie Ihre Kinder dabei, zu lernen, wie sie selbst beurteilen, ob sie etwas gut gemacht haben, damit nicht unbedingt andere Menschen der Maßstab dafür sein müssen (sagen Sie z. B. „Ich finde es toll, dass du dein Bestes gegeben hast" statt „Deine Schwester hätte es besser gemacht").	Kinder lernen, was ihnen liegt, womit sie sich gern beschäftigen, was sie interessiert und längere Zeit bei der Stange hält, wo sie intrinsisch motiviert sind und wo sie doch dabeibleiben, auch wenn sie eigentlich keine Lust dazu haben. Sie werden unabhängiger von der Anerkennung und Belohnung durch andere. Sie sind mit der Zeit in der Lage, Motivation aus sich selbst und den Aufgaben an sich zu ziehen.
Emotionen regulieren	▌ Sprechen Sie mit Ihren Kindern über Schimpfworte oder Äußerungen, die Ihre Kinder als beleidigend oder verletzend empfunden haben. Fragen Sie: „Wie könnte es denn noch gemeint gewesen sein?" ▌ Teilen Sie Ihren Kindern mit, wie Sie selbst Ärger, Wut oder Traurigkeit empfinden. ▌ Etwas ambitioniert, aber möglich: Gehen Sie auf Gefühle Ihrer Kinder ein und zeigen Sie durch Ihr Beispiel, wie man im Nachgang mit Gefühl besser umgehen kann – z. B. indem die Kinder gemeinsam mit Ihnen bis zehn zählen und gemeinsam entscheiden, danach das „Ärgern" zu beenden.	Kinder lernen, dass es in Ordnung ist, Gefühle zu haben und zu zeigen. Dass es die Stimmung in der Familie belastet, wenn Gefühle unterdrückt werden, aber auch, wenn sie einfach rausgelassen werden. Indem Sie offen über Emotionen jeglicher Art sprechen, lernen Kinder, ihre Gefühlsempfindungen differenzierter wahrzunehmen, zu benennen und nicht einfach nur zu schreien, wenn Wut oder Enttäuschung sie übermannt.

Weg 3: Handeln	Wie Sie die Strategie bei Ihren Kindern einsetzen	Erzielter Effekt bei den Kindern
Umfeld gestalten	▌ Geben Sie Ihren Kindern genügend Raum, aus verschiedenen Wunschvorstellungen (Haustier, Musikinstrument, Sport etc.) konkrete Ziele zu entwickeln, immer mit dem Fokus: „Was möchtest du wirklich machen oder haben?" ▌ Sprechen Sie mit ihnen über mögliche Wege zum Ziel, zum Beispiel: „Was bedeutet es, einen Hund zu haben? Wie wird dein Leben sich verändern, wenn du dreimal am Tag Gassi gehst? Wie gehst du damit um, wenn du keine Lust mehr dazu hast?" ▌ Sprechen Sie über mögliche Zielkonflikte, wenn Ihre Kinder z. B. fünf Hobbys gleichzeitig pflegen möchten, allerdings der Schulerfolg darunter leidet.	Kinder lernen und machen die Erfahrung, dass es nicht darum geht, im Leben jeden Wunsch erfüllt zu bekommen, sondern darum, Ziele zu verwirklichen, die man mit eigenem Dazutun tatsächlich erreichen kann. Lassen Sie die Kinder gelegentlich auch Ziele wählen, bei denen sie Ihrer Einschätzung nach scheitern werden. Misserfolge sind Lernerfahrungen.
Verhalten anpassen	▌ Regen Sie an, dass Ihre Kinder Ziele in einzelne Schritte unterteilen. ▌ Ermutigen Sie Ihre Kinder dazu, Entscheidungen für und gegen etwas selbstständig zu treffen, auch wenn es anstrengend ist. ▌ Wenn Ihre Kinder sich etwas vorgenommen haben und vorschnell aufzugeben scheinen, reagieren Sie nicht als „Strong (Wo-)Man". Gehen Sie ins Gespräch und helfen Sie Ihren Kindern dabei, sich wieder auf das Ziel zu fokussieren. ▌ Bleiben Sie am Ball bei unangenehmen Aufgaben, damit sich auch Ihre Kinder nicht scheuen, unangenehme Aufgaben anzupacken.	Kinder lernen, dass es mit Mühe und Anstrengung verbunden sein kann, ein Ziel zu erreichen, und dass dies eher die Regel als die Ausnahme ist. Sie lernen, produktiv damit umzugehen und auch Strategien für den erfolgreichen Umgang mit unangenehmen Aufgaben zu entwickeln. Sie lernen, sich nicht allzu stark ablenken zu lassen, wenn sie sich für etwas Bestimmtes entschieden haben.

Weg 4: Energie	Wie Sie die Strategie bei Ihren Kindern einsetzen	Erzielter Effekt bei den Kindern
 **Energie managen** 	▎ Ernährung: Nehmen Sie sich Zeit für eine Mahlzeit. Essen Sie nicht vor dem Fernseher, sondern gemeinsam am Tisch. Legen Sie auch Ihr Handy und Ihren Laptop weg, damit es möglichst wenig Ablenkungen gibt. Kochen Sie gemeinsam mit den Kindern. Bereiten Sie gesunde und ausgewogene Mahlzeiten zu. Verzichten Sie auf Essensappelle und erlauben Sie allen, so viel zu essen, wie sie möchten. ▎ Bewegung: Nutzen Sie Familienzeit als Bewegungszeit. Fahren Sie gemeinsam Fahrrad, gehen Sie spazieren oder wandern, arbeiten Sie zusammen im Garten usw. Je mehr körperliche Bewegung ein fester Bestandteil Ihres Familienlebens ist, desto höher ist die Wahrscheinlichkeit, dass Ihre Kinder dies auch für ihr künftiges Leben übernehmen. ▎ Entspannung: Seien Sie Vorbild für genügend Schlaf und ausreichend Pausenzeiten. Praktizieren Sie wohltuende Rituale wie z. B. einminütige Schweige-Einheiten, mit denen alle gemeinsam runterkommen können	Kinder lernen, dass die Bereiche Ernährung, Bewegung und Entspannung essenziell für ein gesundes und vitales Leben sind. Sie lernen, bewusst mit dem eigenen Körper und ihrer Gesundheit umzugehen. Solche Themen werden sie fast automatisch eigenständig integrieren, wenn sie fester Bestandteil in Ihrem Familienleben sind.

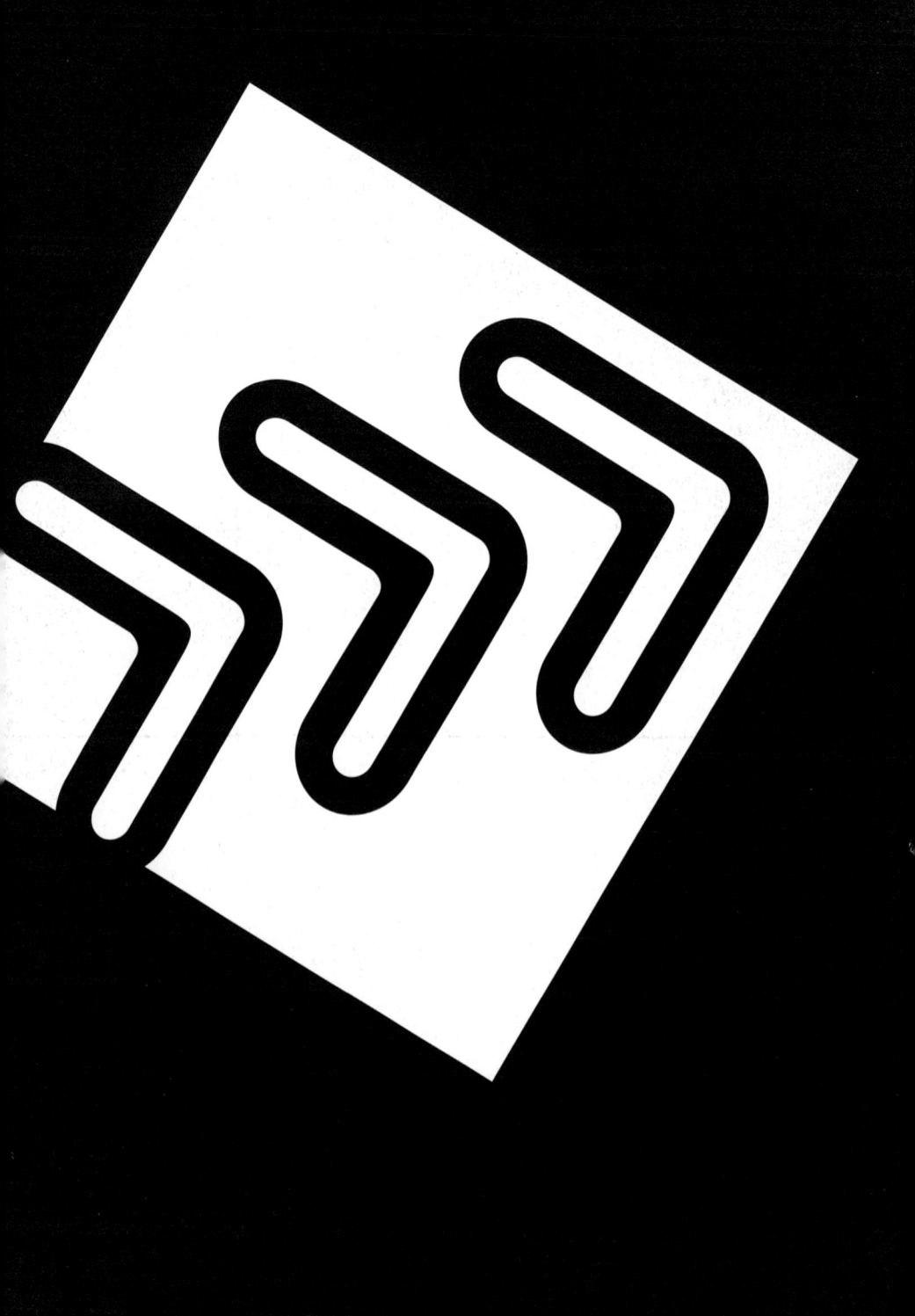

Was setzen Sie um? Entwickeln Sie Ihr persönliches Selbstführungs-Projekt

Aktion: Selbsttest – wie veränderungsbereit bin ich?

Im Allgemeinen halten wir uns für veränderungsbereiter, als wir es tatsächlich sind. Testen Sie deshalb mit den folgenden Selbstbeschreibungen Ihre Veränderungsbereitschaft.

I Bewerten Sie die Aussagen. Denken Sie über jede Aussage kurz nach und antworten Sie spontan. Setzen Sie für jede Aussage ein Kreuz entsprechend der Bewertungsskala.

I Ermitteln Sie Ihren VQ (Veränderungsbereitschafts-Quotienten):
Zählen Sie die Punkte zusammen.

Mein Verhalten	trifft gar nicht zu 1	2	3	4	trifft voll und ganz zu 5
1. Ich bin bereit, mich zu verändern, wenn die Situation oder die Umstände es erfordern.	☐	☐	☐	☐	☐
2. Ich entscheide selbst, welche Veränderungen ich in meinem Leben wann und wie vornehme.	☐	☐	☐	☐	☐
3. Ich bin in der Lage, Situationen so zu beeinflussen, dass sie mich bei der Erreichung meiner Ziele unterstützen.	☐	☐	☐	☐	☐
4. Ich nehme notwendige Veränderungen rechtzeitig in Angriff, auch wenn sie mit Hindernissen verbunden sind.	☐	☐	☐	☐	☐
5. Ich berücksichtige bei meinem Handeln auch äußere Umstände.	☐	☐	☐	☐	☐
6. Ich entscheide mich schnell, mein Verhalten zu verändern, wenn ich davon überzeugt bin, dass es mich zum Erfolg bringt.	☐	☐	☐	☐	☐
7. Ich prüfe während Veränderungsprozessen immer wieder, ob ich mich noch auf dem Weg zum Ziel befinde.	☐	☐	☐	☐	☐
8. Ich gestalte meine berufliche und private Lebenssituation nach meinen eigenen Wüschen und Bedürfnissen.	☐	☐	☐	☐	☐
9. Ich bin bereit, Risiken einzugehen, wenn ich denke, dass es sich lohnt.	☐	☐	☐	☐	☐
10. Ich bin offen für Rückmeldungen anderer, die mir dabei helfen, mich weiterzuentwickeln.	☐	☐	☐	☐	☐
Zwischensummen:	__x1	__x2	__x3	__x4	__x5
Ihr persönlicher „1x1-VQ" – **Summe:**					

Werten Sie Ihr Ergebnis aus: Beträgt Ihr VQ …

☐ 10–20 Punkte: Sie sind bisher nicht bereit, sich zu verändern.

☐ 21–40 Punkte: Sie sind bis zu einem gewissen Grad bereit, sich zu verändern.

☐ 41–50 Punkte: Sie sind vollkommen bereit, sich zu verändern.

Veränderungsstrategie:
Fünf Schritte für mehr Selbstführung

Um an Ihrer Selbstführung zu arbeiten, sollten Sie in fünf Schritten vorgehen. Dadurch vergrößern Sie die Wahrscheinlichkeit, Ihre psychischen Potenziale gut zu nutzen, und erreichen eigene Ziele häufiger und schneller.

Fünf Schritte einer Selbstführungs-Veränderungsstrategie

1. Schritt
Definieren Sie ein
Selbstführungs-Projekt.

2. Schritt
Aktivieren Sie
hinreichend
Willenskraft.

3. Schritt
Nehmen Sie Ihre Veränderungs-
motivation unter die Lupe.

4. Schritt
Planen Sie für schwierige
Situationen voraus.

5. Schritt
Brechen Sie mit
alten Gewohnheiten
und bilden Sie neue
Gewohnheiten aus.

Schritt 1: Definieren Sie ein Selbstführungs-Projekt

Verschaffen Sie sich einen Überblick über Ihre Zielvorstellungen

Oft schwirren gleichzeitig viele vage und wenig konkrete Zielvorstellungen im Kopf umher. Das kann dazu führen, dass der Überblick verloren geht und die Motivation fehlt, die Ziele zu verfolgen. Manchmal sind Ziele auch so stark von außen diktiert, dass sie zwar Ihre ganze Kraft beanspruchen, aber für Sie persönlich keinen Fortschritt mit sich bringen.

Schreiben Sie alle Ziele auf, die Ihnen in letzter Zeit durch den Kopf gegangen sind. Denken Sie nicht zu lange darüber nach, sondern schreiben Sie erst einmal alles auf.

Priorisieren Sie Ihre Ziele

Wenn Sie alle Ziele notiert haben, können Sie sie nach Wichtigkeit, Aktualität und Erfolgswahrscheinlichkeit priorisieren. Überlegen Sie:

▎ Bei welchen Zielen ist es realistisch, dass ich sie erreiche? (Zu hochgesteckte Ziele setzen unter Druck und erschweren auch das Erreichen anderer Ziele. Streichen Sie alle Ziele mit geringer Erfolgswahrscheinlichkeit.)

▎ Welche Ziele sind aktuell? (Manchmal schleppen wir seit Jahren bestimmte Zielvorstellungen mit uns herum, obwohl sie gar nicht mehr aktuell sind. Stufen Sie Ziele nicht voreilig als „aktuell" ein. Denken Sie darüber nach und streichen Sie alle Ziele, die heute nicht mehr relevant sind.)

▎ Welche Ziele sind mir persönlich wichtig? (Fragen Sie sich, ob Ihre Ziele zu Ihren Lebensvorstellungen passen. Sind es Ihre ureigenen Ziele? Können Sie sich mit ihnen identifizieren?)

Priorisieren Sie jetzt die Ziele, die noch übrig sind und Ihnen aktuell am wichtigsten erscheinen. Notieren Sie die Top 3 Ihrer Ziele:

1. ....

2. ....

3. ....

Hinweis für das weitere Vorgehen: Um die 4 Wege für mehr Selbstführung möglichst effizient einzuüben, ist es sinnvoll, sich ein konkretes Ziel vorzunehmen und mit diesem Ziel zu arbeiten. Das Ziel sollte in drei bis maximal sechs Monaten umsetzbar sein. Können Sie ein Ziel aus Ihren Top 3 nutzen?

Formulieren Sie Zwischenziele

Sie haben nun ein Ziel ausgewählt, das Sie innerhalb von drei bis sechs Monaten umsetzen möchten und können. Neben dem Hauptziel sollten auch Zwischenziele vorhanden sein. Das ist höchst effektiv, denn Zwischenziele ermöglichen Rückmeldung und Kontrolle, ob die bisherigen Anstrengungen Fortschritte in die gewünschte Richtung bewirkt haben. Dies steigert auch das eigene Kompetenzgefühl.

Entscheiden Sie sich für ein Ziel und tragen Sie es hier ein:

Mein Projektziel:

Warum haben Sie sich genau dafür entschieden?

Was soll sich durch dieses Ziel ändern, anders, mehr oder besser werden?

Mal angenommen, Sie hätten das angestrebte Ziel erreicht …
Wie würde sich das in Ihrem täglichen Verhalten zeigen?

Was genau wäre jetzt anders als früher?

Wie genau hätten Sie das geschafft? In welcher Zeit?

Stellen Sie sich den Grad der Zielerreichung auf einer Skala von 0 bis 10 vor …

Wo auf der Skala stehen Sie jetzt?

Was müssten Sie tun, um die 10 zu erreichen?

Warum ist es für Sie persönlich wichtig, dieses Ziel zu erreichen?

Welche Aspekte können Sie nicht beeinflussen?

Welche Zwischenziele ergeben sich aus Ihrem Projektziel?
Meine Zwischenziele:

Was?	Bis wann?

Sind Sie überzeugt, ein hinreichend konkretes, realistisches und für Sie persönlich wichtiges Ziel ausgewählt haben? Wenn ja, lesen Sie auf der nächsten Seite weiter. Wenn nein, dann beantworten Sie die Fragen noch einmal mit einem anderen Ziel.

Achten Sie darauf, dass jedes Ziel für Sie motivierend, das heißt als Annäherungsziel formuliert ist und dass eindeutig überprüfbar ist, ob es erfolgreich realisiert wurde. Siehe Strategie „Ziele setzen", Seite 54.

Schritt 2: Aktivieren Sie hinreichend Willenskraft

Auch wenn ein Ziel gut formuliert ist, brauchen Sie Willenskraft, um zu erreichen, was Sie erreichen möchten. Auf dem Weg zum Ziel gibt es immer Handlungen, die sich in Form von „Tun" oder „Nichtstun" ausdrücken.

Willenskraft besteht laut Stanford-Psychologin Kelly McGonigal aus drei Teilen: der Kraft des „Ich werde", die wir nutzen, um vielleicht auch unangenehme, aber für das Ziel notwendige Dinge zu tun. Der Kraft des „Ich werde nicht", die wir nutzen, wenn wir einer Sache widerstehen möchten (z. B. einer Ablenkung). Und der stärksten Kraft, „Ich will", die wir benötigen, um uns in herausfordernden Situationen auch an unsere langfristigen Ziele und Träume zu erinnern. „Ich will" steuert die beiden anderen Kräfte.

Sammeln Sie hier Ihre Handlungsschritte. Welche Handlungen können Ihnen helfen, Ihr Ziel zu erreichen?

Willensstärke		
I will/Ich werde Um mein Ziel zu erreichen, werde ich Folgendes tun:	**I won't/Ich werde nicht** Um mein Ziel zu erreichen, werde ich Folgendes nicht (mehr) tun:	**I want/Ich will** Wenn ich diese Dinge tue bzw. nicht tue, was könnte ich im bestmöglichsten Fall dann erreichen? Wovon träume ich?

Schritt 3: Nehmen Sie Ihre Veränderungs- motivation unter die Lupe

Um Ihr Ziel zu erreichen, müssen Sie einiges tun – leichter arbeitet es sich immer mit einem Motivationsschub. Betrachten Sie Ihre Aufgaben ganzheitlich: Was bereitet Ihnen Freude? Selbst bei unangenehmen Aufgaben ist nicht alles schlecht. Versuchen Sie, bewusst und intensiv an die positiven Aspekte zu denken. So kommt Vorfreude auf, wenn Sie sich mit Ihrem Ziel beschäftigen. Dies ist die erfolgsverspre- chendste Form der Motivation. Denn Sie entdecken die intrinsischen Anreize in Ihren Aufgaben. Doch auch extrinsische Anreize (mehr Gehalt, Lob) können motivieren.

In welchen Situationen in Ihrem Leben sind Sie quasi automatisch motiviert und müssen nichts dafür tun? Überlegen Sie querbeet durch Ihr Privat- und Berufsleben.

Was treibt Sie in diesen Situationen tief in Ihrem Inneren an? Welche Gemeinsam- keiten entdecken Sie in diesen Situationen? Was fällt Ihnen auf?

Was könnten oder müssten Sie kurzfristig ändern, um intrinsische Motivationsquel- len besser für Ihr Ziel nutzen zu können?

Wie könnten Sie diese Erkenntnisse auf Ihr konkretes Projekt übertragen? Was wür- de Ihnen helfen, wenn Sie einen Durchhänger haben?

Schritt 4: Planen Sie für schwierige Situationen voraus

Rechnen Sie mit Hindernissen und Schwierigkeiten! Dieser Hinweis ist extrem wertvoll, wenn Sie ihn positiv nutzen. Denn wenn wir uns etwas vornehmen, gehen wir zunächst davon aus, dass wir es ohne Probleme schaffen. Sie haben Ihr Projekt so formuliert, dass es mit Ihren Wünschen übereinstimmt. Sie haben Willenskraft aktiviert und sich auf den Weg gemacht. Doch auch wenn Sie jetzt denken, dass alles klappt, früher oder später warten unliebsame Überraschungen auf Sie.

Überlegen Sie schon jetzt, wann kritische Situationen kommen könnten und wie Sie damit umgehen würden. Was können Sie sich selbst sagen? (Denken Sie dabei daran, positiv mit sich selbst zu sprechen.) Welche Handlungsalternativen können Sie planen? Wie können Sie Ihre Taktik ändern? Mit wem werden Sie reden, weil er Sie aufbaut?

Es geht nicht darum, in Pessimismus zu verfallen, sondern darum, realistisch zu sein, also zu erwarten, dass nicht alles glattläuft. Und dann nicht überrascht zu werden, sondern zu wissen, was jetzt oder später zu tun ist.

Sammeln Sie hier Ihre Handlungsschritte. Welche Handlungen können Ihnen helfen, Ihr Ziel zu erreichen?

In diesen Situationen könnten sich auf dem Weg zu Ihrem Ziel Schwierigkeiten ergeben:

Beschreiben Sie möglichst konkret, wie Sie damit umgehen würden und wer Sie in so einer Situation unterstützen könnte:

Überprüfen Sie regelmäßig diese Liste. Denn es mögen auch andere Situationen auftauchen, an die Sie gar nicht gedacht haben. So können Sie auch prüfen, wie gut Ihr Umgang mit schwierigen Situationen funktioniert hat.

Schritt 5: Brechen Sie mit alten Gewohnheiten und bilden Sie neue Gewohnheiten aus

Bis zu 90 % des Alltags laufen mehr oder weniger automatisch ab. Jedes Mal, wenn Sie etwas Neues tun, bilden sich neue Verbindungen in Ihrem Gehirn. Zunächst probeweise, wie ein Trampelpfad. Werden diese Verbindungen immer wieder genutzt, lässt das Gehirn neue Leitungen zwischen den Neuronen wachsen – aus einem Trampelpfad wird eine asphaltierte Straße. Wenn das passiert, fällt es Ihnen sehr viel leichter, Automatismen zu folgen, als jedes Mal eine Willensanstrengung vollbringen zu müssen. Denn Willenskräfte sind begrenzt, doch Gewohnheiten halten sich zäh. Wer Gewohnheiten entwickelt hat, braucht wenig Willenskraft. Damit sind wiederkehrende Rituale energieeffizient.

Es gibt verschiedene Theorien, wie lange es braucht, bis eine neue Verhaltensweise zur Gewohnheit wird: Die meisten sagen ca. 60 Tage im Durchschnitt. Die Praxis zeigt: Es kann Jahre dauern! Es geht immer auch darum, dem Willen zu vertrauen, den aber nicht zu überfordern.

Eine Methode von Autor und Verhaltenstrainer Stephan Guise ist es, sich Mini-Gewohnheiten anzutrainieren und damit Schritt für Schritt den Alltag zu verändern. Sie machen also eine Liegestütze pro Tag statt direkt 100. Weitere Beispiele: Sie würden sich gern fortbilden, haben aber keinerlei Übung darin, sich in ein neues Fachgebiet einzuarbeiten? Verpflichten Sie sich selbst, jeden Tag zu einer festen Tageszeit ein Youtube Video aus Ihrem Fachgebiet zu schauen. Möchten Sie Ihre Partnerschaft besser pflegen? Vereinbaren Sie mit sich, dass Sie jeden Tag während des Arbeitstages einmal ohne Grund anrufen.

Machen Sie sich eine Liste mit 12 Mini-Gewohnheiten, die Ihnen dabei helfen, Ihr Ziel zu erreichen. Setzen Sie in den nächsten drei Monaten jede Woche eine weitere davon um. So haben Sie 12 neue Mini-Gewohnheiten etabliert. Sie werden sehen, dass viele Mini-Gewohnheiten sich zu größeren Gewohnheiten entwickeln. Mit Mini-Gewohnheiten gelingt es Ihnen, alte Automatismen langsam aber dafür dauerhaft zu verlassen. Vielleicht scheint es Ihnen nur wie ein Mikro-Sieg. Doch viele Mikro-Siege sorgen für einen großen Sieg – und sie stärken vor allem auch Ihre Willenskraft.

Einige persönliche Worte zum Schluss

Liebe Leserin, lieber Leser,

Sie haben sich auf vielen Seiten mit Ihrer Selbstführung beschäftigt. Sie haben sich reflektiert, überlegt, was Sie verändern wollen, und sogar schon die ersten Schritte umgesetzt. Das wünschen wir Ihnen von Herzen, denn all das Wissen ist nur bedingt etwas wert, wenn es nicht gelingt, ins Handeln zu kommen. Das kann für jeden von Ihnen etwas anderes bedeuten. Beim Thema Selbstführung gibt es kein Richtig oder Falsch. Es gibt kein Gut oder Schlecht. Die Frage ist immer: Was kann Selbstführung in Ihrem Leben bewirken? Was wollen Sie bei sich verändern? Was haben Sie für sich erkannt?

Für die Erstautorin ist eine ganzheitliche Selbstführung zum elementaren Bestandteil ihres Lebens geworden. Die ersten Jahre der eigenen Karriere waren geprägt von „schneller, höher, weiter". Bis sie irgendwann an den Punkt kam, sich zu fragen: Was möchte ich wirklich im Leben? Was sind meine Prioritäten? Wie passt das alles zu meinem Lebenskonzept? Sie stellte dabei fest, dass ihre Selbstführung alles andere als ganzheitlich war, obwohl es ihr häufig gelang, ihre Ziele zu erreichen. Doch es war eben nicht nachhaltig. Die Diagnose einer chronischen Krankheit Anfang 30 sorgte dafür, dass ihr genau das bewusst wurde. Es musste sich etwas ändern. Die vitale Selbstführung hatte sie zum Beispiel völlig vernachlässigt. Kaum Mittagspausen gemacht, weil es scheinbar effektiver war, durchzuarbeiten. Kaum Bewegung, weil nach einem vollen Tag scheinbar keine Zeit mehr dafür war. Nach dieser Erkenntnis begann sie, ihr Leben zu verändern und neue, gute Gewohnheiten zu etablieren. Zum Beispiel macht sie heute immer eine Mittagspause, die einen 30-minütigen Spaziergang an der frischen Luft integriert. Sie ernährt sich auch seit vielen Jahren zuckerfrei. Auch die emotionale Selbstführung war für die Erstautorin schwierig, da sie häufig impulsiv und intuitiv mit Emotionen umging. Emotionale Regulierung war und ist für sie ein entscheidender Schlüssel geworden, um weniger Stress zu fühlen und reflektierter auf die eigenen Emotionen zu achten. Ganzheitliche Selbstführung hat ihr dabei geholfen, im Einklang mit ihren Werten, Wünschen, Zielen und ihrem Handeln zu leben und Verantwortung für das eigene Leben zu übernehmen.

Wichtig ist der Erstautorin dabei folgender Gedanke: Wir treffen morgen keine besseren Entscheidungen als heute. Häufig denken wir: „Morgen fange ich an!" Wenn Sie Menschen fragen, wie oft sie im nächsten halben Jahr Sport treiben wollen, nennen sie in der Regel ein höheres Sportpensum an als ihr aktuelles. Grund dafür ist, dass nahezu jeder weiß, dass mehr Sport besser wäre. Zugleich machen die meisten aber nicht mehr Sport als im letzten halben Jahr. Wir denken also, unser Zukunfts-Ich wäre „besser" als unser Heute-Ich. Machen Sie sich bewusst, dass das ein Trugschluss ist.

Für den Zweitautor des Buches ist Selbstführung zur persönlichen Mission geworden, als er sich mit Anforderungen seiner ersten Professorenstelle konfrontiert sah und die damit verbundenen Belastungen ernste Gesundheitsprobleme nach sich zogen. Eine radikale Umstellung bisheriger Ernährungs- und Konsumgewohnheiten hat dazu beigetragen, die Gesundheitsprobleme auch ohne Ärzte-Odyssee in den Griff zu bekommen. Die dabei gemachten Erfahrungen waren prägend. Sie haben bewirkt, in der Selbstführung mehr als nur ein akademisches Forschungsgebiet zu sehen. Inzwischen seit einigen Jahren im Ruhestand, genießt er das Privileg, so zu arbeiten, Sozialkontakte zu pflegen, familiäre Aufgaben zu übernehmen und persönlichen Interessen nachzugehen, dass die Tagesgestaltung in substanziellem Umfang selbstgeführt erfolgt. Dennoch bzw. gerade nach einem aktiven Universitäts- und Forscherleben ist auch Kreativität gefragt, damit der Ruhestand abwechslungsreich und herausfordernd bleibt. Ergiebig für Projekte, unter anderem die Mitwirkung am vorliegenden Buch, haben sich Auszeiten mit sportlichen Aktivitäten (Radfahren, Krafttraining, Gymnastik) erwiesen. Die eigene Physis regelmäßig moderat zu fordern, hat bei ihm bis jetzt dazu beigetragen, trotz des fortgeschrittenen Alters gesund und leistungsfähig zu bleiben und Ideen mit maßvollen Zielen zu unterfüttern. Deren Erreichen kann er immer wieder und umso mehr genießen – wie beispielsweise den Abschluss dieses Buches.

Selbstführung basiert nicht auf einer Illusion wie „Alles ist machbar" oder „In zehn Schritten zum Erfolg". Vielmehr lautet die Botschaft: Nutzen Sie Ihre Potenziale, die Kraft Ihrer Zielklarheit, Ihrer inneren Bilder, Ihrer Emotionen und Ihres Körpers. Akzeptieren Sie Ihre Schwächen, die immer auch einen Sinn haben, weil sie nicht selten vor Entscheidungen schützen, deren Konsequenzen Sie vielleicht überfordern würden. Finden Sie Ihren ganz eigenen Selbstführungs-Stil. Das wünschen wir Ihnen.

Debora Karsch und Günter F. Müller

Literaturverzeichnis & Tipps zum Weiterlesen

Baldegger, U.; Furtner, M. (2013): *Self-Leadership und Führung: Theorien, Modelle und praktische Umsetzung.* Wiesbaden: Springer Gabler.

Bensmann, B. (2011): *Die Kunst der Selbstführung: Erkenntnisse aus Interviews mit Führungskräften und führenden Kräften.* Norderstedt: Books on Demand GmbH.

Bryant, A.; Kazan, A. L., Ph. D. (2013): *Self-Leadership: How to become a more successful, efficient, an effective leader from the inside out.* New York: Mc Graw Hill.

Debnar-Daumler, S.; Heidbrink, M., Dr. (2016): *Self-Leadership. Sich selbst führen in unsicheren Zeiten.* Freiburg: Haufe Gruppe.

Drath, K. (2017): *Die Kunst der Selbstführung – Was Führungskräfte über Resilienz wissen sollten.* Freiburg: Haufe, Freiburg.

Gollwitzer, P. M. (1996): *Das Rubikonmodell der Handlungsphasen.* In H. Kuhl & H. Heckhausen (Hrsg.). *Motivation, Volition und Handlung.* Göttingen: Hogrefe.

Guise, S. (2013): *Mini Habits: Smaller Habits, Bigger Results.* CreateSpace Independent Publishing Platform.

Houghton, J. D.; Neck, C. P.; Manz, C. C. (2017): *Self-Leadership. The Definitive Guide to Personal Excellence.* Thousand Oaks: Sage Publications, Inc.

Manz, C. C.; Sims, H. P. (2001): *The New SuperLeadership. Leading others to lead themselves.* San Francisco: Berrett-Koehler Publishers.

McGonigal, K. (2013): *The Willpower Instinct: How Self-Control Works, Why It Matters, and What You Can Do to Get More of It.* New York: Avery Publishing Group.

Müller, G. F.; Sauerland, M.; Raab, G. (2018): *Mehr ICH wagen! Selbstführung am Arbeitsplatz und in der Organisation.* Hamburg: Windmühle.

Müller, G. F.; Braun, W. (2009): *Praxisfeld Selbstführung. Der Werk- und Denkzeugkasten für den Einsatz persönlicher Ressourcen.* Bern: Verlag Hans Huber, Hogrefe AG.

Müller, G. F.; Braun, W. (2009): *Selbstführung – Wege zu einem erfolgreichen und erfüllten Berufs- und Arbeitsleben.* Bern: Verlag Hans Huber, Hogrefe AG.

Neck, C.; Manz, C. C. (1996): *Thought self-leadership: The impact of mental strategies training on employee cognition, behavior, and affect.* Journal of Organizational Behavior, 17 (5), 445–467.

Schanze, J.; Schuster, J. (2014): *Der Weg zur Meisterschaft in der Führung: Führung und Selbst-Führung auf dem Weg zur Spitze.* Wiesbaden: Springer Gabler.

Storch, M et al. (2010): *Embodiment. Die Wechselwirkung von Körper und Psyche verstehen und nutzen.* Bern: Huber.

Stichwortverzeichnis

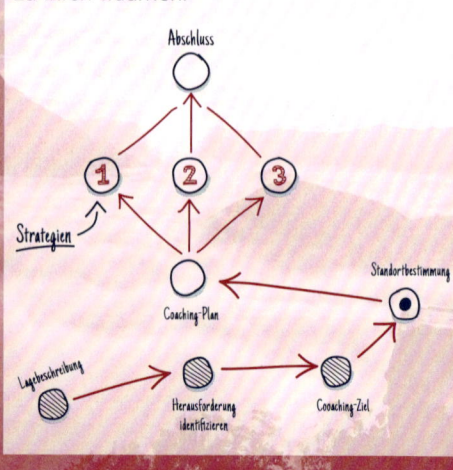

Zertifizierung
persolog®
Selbstführungs-Modell

Dieses Buch hat Sie überzeugt? Sie wollen auch andere dabei unterstützen, sich selbst zu führen und Ihre Ziele zu erreichen, indem Sie Ihre Selbstführungs-Kompetenz in den 4 Dimensionen ausbauen? Lernen Sie das persolog® Selbstführungs-Modell in der Tiefe kennen. Nutzen Sie in Ihren Trainings und Coachings den original persolog® Fragebogen, um andere bei der Entwicklung ihrer Selbstführungs-Kompetenz zu unterstützen.

I **Stellen Sie Ihre Fragen unseren Master-Trainern** und lernen Sie an der eigenen Person Übungen und Methoden zum Aufbau von mehr Selbstführungs-Kompetenz kennen.

I Greifen Sie auf ein durchdachtes, wissenschaftlich fundiertes und erprobtes **Trainingskonzept** zurück.

I Reduzieren Sie Ihre Vorbereitungszeit. Ihnen werden **Trainerleitfäden und viele Produkte** an die Hand gegeben, die Sie direkt einsetzen können.

Mehr Informationen
finden Sie hier:

persolog.de/seminars/selbstfuehrung

Lothar J. Seiwert, Friedbert Gay

Das 1x1 der Persönlichkeit

Lange war man davon überzeugt: Mit 30 ist ein Mensch „fertig". Seine Stärken und Schwächen sind so, wie sie sind. Dass er sich noch grundlegend ändert, ist unwahrscheinlich. Heute weiß man: Dem ist nicht so.

Stärken entdecken und leben. Verborgenes Verbesserungspotenzial an die Oberfläche bringen und entfalten. Einen Reflexionsprozess anstoßen, der die Neuausrichtung festgefahrener Denkmuster und Verhaltensweisen möglich macht. Darum geht es im 1x1 der Persönlichkeit.

Lassen Sie sich von Friedbert Gay und Lothar Seiwert in das persolog® Persönlichkeits-Modell einführen: Lernen Sie die 4 grundlegenden Dimensionen menschlichen Verhaltens D, I, S und G kennen – und finden Sie heraus, was wirklich in Ihnen steckt. Erfahren Sie, wie Sie Ihre eigene Weiterentwicklung in die Richtung steuern, in die Sie gehen wollen – und wie Sie andere nicht nur vordergründig, sondern wirklich verstehen.

„So bin ich halt" ist ein Argument, dessen Aussagekraft vom 1x1 der Persönlichkeit zunächst demontiert und dann umgedreht wird. Denn fortan gilt: „So bin ich. Und das kann ich daraus machen!"

Lothar Seiwert, Anjana Ahnfeldt

4 Wege zu mehr Zeitkompetenz

Kennen Sie die Angst, nicht gut genug zu sein? Das Gefühl immer erreichbar sein zu müssen? Sind Sie manchmal völlig überlastet? Nehmen Sie alle Aufgaben an, weil Sie denken, Sie brauchen das, um erfolgreich zu sein? Haben Sie das Gefühl, nicht mehr selbst die Kontrolle über Ihre Zeit zu haben? Haben Sie keine Zeit mehr für die Dinge, die Ihnen wirklich wichtig sind? Keine Zeit für Träume? Damit sind Sie nicht allein. Doch Sie können diesen Kreislauf durchbrechen: Mit Zeitkompetenz – der Fähigkeit, Zeit so zu planen und zu nutzen, wie Sie es wirklich möchten.

Weil wir wissen, wie befreiend und wichtig Zeitkompetenz ist, haben wir dieses Buch geschrieben „4 Wege zu mehr Zeitkompetenz. Wie Sie Ihre Lebenszeit organisieren, gestalten und dabei flexibel bleiben."

www.persolog-shop.com